Francis Alban Noumbissie

Analyse und Darstellung neuer normativer Anforderungen für den NS- und MS-Schaltanlagenbau sowie marktüblicher Ausführungsvarianten von Schaltanlagen

disserta Verlag

Noumbissie, Francis Alban: Analyse und Darstellung neuer normativer Anforderungen für den NS- und MS-Schaltanlagenbau sowie marktüblicher Ausführungsvarianten von Schaltanlagen, Hamburg, disserta Verlag, 2014

Buch-ISBN: 978-3-95425-768-3
PDF-eBook-ISBN: 978-3-95425-769-0
Druck/Herstellung: disserta Verlag, Hamburg, 2014
Covermotiv: © Uladzimir Bakunovich – Fotolia.com

Bibliografische Information der Deutschen Nationalbibliothek:
Die Deutsche Nationalbibliothek verzeichnet diese Publikation in der Deutschen Nationalbibliografie; detaillierte bibliografische Daten sind im Internet über http://dnb.d-nb.de abrufbar.

© disserta Verlag, Imprint der Diplomica Verlag GmbH
Hermannstal 119k, 22119 Hamburg
http://www.disserta-verlag.de, Hamburg 2014
Printed in Germany

Kurzfassung

In der vorliegenden Arbeit werden neuer normativer Anforderungen für den NS- und MS-Schaltanlagenbau sowie marktüblichen Ausführungsvarianten von Schaltanlagen analysiert und dargestellt. Es werden die Fragen nachgegangen, wie die Schaltanlagen gebaut und geprüft werden. Welche Normen und technische Anforderungen bei dem Schaltanlagenbau zu achten sind. Wie sich Schaltanlagen von einander unterscheiden.

Das Ziel dieser Arbeit ist es Die Konstruktion und die Funktionalität von Mittel- und Niederspannungsschaltanlagen zu verstehen und die Normen sowie die Anforderungen für den Schaltanlagenbau übersichtlicher zu machen

Dabei werden einen detaillierten Vergleich zwischen alten und neuen Normen gemacht mit allen aufgrund der Normänderung entstandenen technischen Änderungen.

Außerdem wurden die Marktüblichen Schaltanlagenvarianten zuerst für Niederspannung und dann für die Mittelspannung ausführlich dargestellt und verglichen. Bei dem Vergleich wurden die Schaltanlagenbauweisen, Ansatzgebiete und Prüfungen berücksichtigt

Zur Durchführung der Arbeit und die Bearbeitung der Problematik wurden hauptsächlich Internetseiten von Schaltanlagenherstellern verwendet und Kontakt mit ihnen aufgenommen. Die Zusammenfassung der neuen normativen Anforderungen an Schaltanlagen wurde mit Hilfe der VDE-Vorschriften gemacht.

Abstract

In this present work new normative requirements for low-voltage and medium-voltage switchgear and equipment as well as market variants of switchgear are analyzed and illustrated. Questions will be discussed on how the switchgear is constructed and tested? Which standards and technical requirements must be observed during the switchgear manufacture? How switchgear differ from each other?

The aim of this work is to understand the construction and functionality of medium and low voltage switchgear and make the standards and the requirements for the switchgear construction clearer

In so doing, a detailed comparison between old and new standards are done, including all technological changes resulting from changes in standards. In addition, the market benchmarks switchgear variants were presented and compared in detail first for low voltage and then for the medium voltage. In comparison process the switchgear types, areas of approach and tests were considered.

To carry out the work and the handling of the problem websites of switchgear manufacturers were mainly used and contact made with them. The summary of the new normative requirements for switchgear was made with the help of the VDE regulations.

Danksagung

Dies ist die Abschlussarbeit meines Studiums der Elektrotechnik an der Fachhochschule Dortmund.

Recht herzlich, möchte ich mich bei der SAG GmbH bedanken für ihr Vertrauen und die Gelegenheit diese Arbeit in ihrer Niederlassung in Essen zu schreiben. Spezieller Dank Dr. Thomas Ader und Dipl.-Ing. Ralf Schuch, die mich jederzeit durch anregende Diskussionen und Ratschläge unterstützt haben und zur Seite standen. Mein Dank gebührt aber auch Prof. Dr. -Ing. Georg Harnischmacher für die Übernahme der Erstprüferaufgabe und die Bereitstellung des Themas.

Für große Hilfsbereitschaft und freundliche Unterstützung bedanke ich mich herzlich bei Frau Samira El Hamdaoui, Mitarbeiterin bei der SAG GmbH.

Abschließend bedanken möchte ich mich bei meinen Eltern, die mir dieses Studium ermöglicht haben und die mir jedes Mal ihre finanzielle und moralische Hilfe brachten; zudem bei meinen Freunden für ihre Begleitung während dieser Zeit.

Inhaltsverzeichnis

Abbildungsverzeichnis

Tabellenverzeichnis

1 Einleitung

1.1 Problemstellung

In der Energietechnik wird den Begriff Schaltanlage sehr häufig verwendet. Schaltanlagen sind alle Betriebsmittel und Hilfseinrichtungen, die zur Energieverteilung und -übertragung an einem Knotenpunkt des Versorgungsnetzes beteiligt sind [1]. Wie sich Anlagen für Hoch-, Mittel- und Niederspannungsnetze unterscheiden, hängt von der Stärke ab, mit der die elektrische Spannung im Stromnetz gehalten wird.

Schaltanlagen für Nieder- und Mittelspannung werden im Vergleich zu Hochspannungsschaltanlagen in der Regel in geschlossenen Räumen ausgeführt. Diese kompakte Bauweise Nieder- und Mittelspannungsschaltanlagen ermöglicht einen kleinen Flächenbedarf und wirtschaftlich gesehen geringe Investitionskosten.

Die Fertigung von Schaltanlagen hängt von vielen Kriterien und von Normen ab. In Deutschland und weltweit gibt es zahlreiche Hersteller solcher Anlagen, die je nach Anwendungsbereich verschiedene Ausführungsvarianten anbieten.

1.2 Zielsetzung der Arbeit

Das Ziel dieser Arbeit ist es Die Konstruktion und die Funktionalität von Mittel- und Niederspannungsschaltanlagen zu verstehen und die Normen sowie die Anforderungen für den Schaltanlagenbau übersichtlicher zu machen

Dabei soll einen Vergleich zwischen alten Normen und neuen Normen gemacht werden. Auch die Sicherheitsmaßnahmen während der Betriebszeiten der Anlagen sollen dargestellt werden

1.3 Gliederung und Vorgehensweise der Arbeit

Die Arbeit ist in sieben Hauptabschnitte unterteilt:

Nach der Einleitung wird auf allgemeine Grundlagen eingegangen. Dabei werden die elektrischen Merkmale definiert und ausführlich erklärt. Im dritten Kapitel werden Normen für den Schaltanlagenbau zusammengefasst sowie die Maßnahmen zur Erreichung der Normkonformität erläutert. Einen Vergleich zwischen alten und neuen IEC-Normen mit den entsprechenden Übergangszeiten, muss sowohl für die Niederspannung- als auch für die Mittelspannungsschaltanlagen durchgeführt werden. Kapitel vier behandelt den inneren Schutz. Es wird der Begriff Störlichtbogen definiert und die verschiedenen möglichen Lichtbogenschutztechnologien werden erklärt.

Im darauf folgenden Kapitel werden die technischen Maßnahmen während des Betriebes erläutern.

Kapitel 6 enthält die Darstellung der am Markt üblichen Ausführungsvarianten im Bereich typgeprüfter Mittel- und Niederspannungsschaltanlagen.

Zum Schluss fasst Kapitel 7 die Bewertung der technischen Unterschiede hinsichtlich grundsätzlicher Funktionalität auf Basis der Anwendungsgebiete zusammen.

2 Grundlagen

2.1 Systemübersicht der Energieverteilung

Abb. 2.1 zeigt schematisch die Struktur der Energieverteilung. Insbesondere ist die Einordnung der in dieser Arbeit behandelten Mittel- und Niederspannungs-schaltanlage zu sehen.

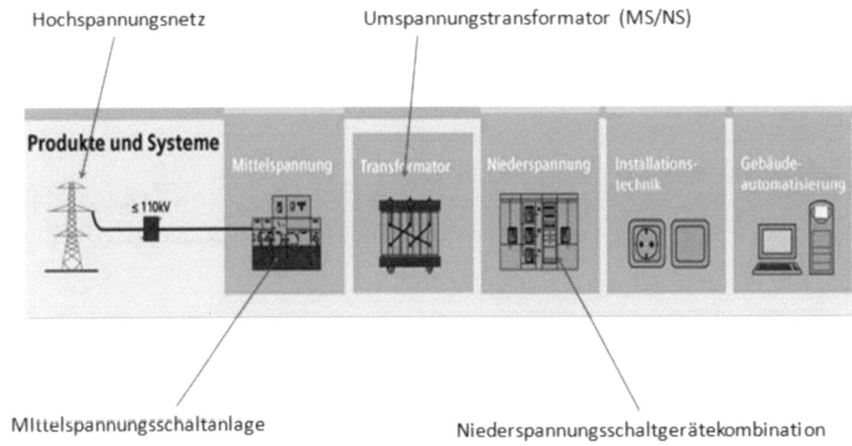

Abbildung 2.1: Energieverteilung [2]

2.2 Elektrische Merkmale Niederspannung

Die Bemessungswerte werden entsprechend der IEC/EN 61439-1/-2 von den Herstellern von Niederspannungs-Schaltgerätekombinationen angegeben. Sie gelten für vorgegebene Betriebsbedingungen und charakterisieren die Verwendbarkeit einer Schaltgerätekombination. Das heißt, alle Angaben, die sich auf geprüfte, technische Eigenschaften beziehen, die für eine Auswahl oder für eine Koordination der Betriebsmittel in einer Anlage benutzt werden sollen [3]. Zu den wichtigsten Bemessungswerten gehören:

Bemessungsbetriebsspannung (U_e)

Spannung, auf die sich die Kennwerte eines Schaltgerätes beziehen. Eine zu geringe Bemessungsbetriebsspannung bei der Auswahl von Schaltgeräten kann beispielsweise zu einem Versagen des Schaltgerätes führen. [4]

Zur Prüfung der Schaltgeräte wird eine Spannung von 105 % der Bemessungsbetriebsspannung verwendet. Die Überschreitung dieses Wertes im Betrieb ist nicht erlaubt während seine Unterschreitung für die Schaltgeräte nicht schädlich ist. Die untere Spannungsgrenze wird durch die Verbraucher, die versorgt werden, vorgegeben. [4]

Die höchste Bemessungsbetriebsspannung darf auf keinen Fall höher als die Bemessungsisolationsspannung sein.

Bemessungsisolationsspannung (U_i)

Spannung, auf die sich Isolationsprüfungen und Kriechstrecken beziehen [3]. Anders gesagt, die Bemessungsisolationsspannung kennzeichnet die zulässige Dauerbelastung der Luftstrecken und Kriechstrecken des Stromkreises durch die Betriebsspannung. Von der Bemessungsisolationsspannung hängt die Auswahl der Bemessungsstoßspannung ab.

Die Bemessungsisolationsspannung muss immer gleich oder größer sein als der höchste Wert der Bemessungsbetriebsspannung.

Bemessungsstoßspannungsfestigkeit (U_{imp})

Sie ist ein Maß für die Festigkeit der Isolation gegenüber kurzzeitigen und nur gelegentlich auftretenden Spannungsspitzen/Stoßüberspannung [4]. Der Einsatz geeigneter Schaltgeräte kann sicherstellen, dass abgeschaltete Anlagenteile keine Überspannungen aus dem Netz, in dem sie eingesetzt sind, übertragen können [3].

Wenn in einem Stromkreis einer Schaltgerätekombination mehrere Geräte und Bausteine vorhanden sind, wird der Wert des schwächsten Bauteiles maßgebend für die Bemessungsstoßspannungsfestigkeit des ganzen Stromkreises. Dabei muss zusätzlich sichergestellt werden, dass die Schaltüberspannung aller Geräte in dem Stromkreis unter diesem Wert liegt. Wenn dies nicht zutrifft, dann müssen entweder andere Schaltgeräte mit kleineren Schaltüberspannungen ausgewählt werden oder es müssen Komponenten mit einer höheren Bemessungsstoßspannungsfestigkeit verwendet werden [4].

Bemessungskurzzeitstromfestigkeit (I_{cw})

Die Bemessungskurzzeitstromfestigkeit ist der Effektivwert des Kurzschlussstromes, den der Stromkreise für eine bestimmte Zeit (meist 1 s in der Niederspannung) führen kann, ohne thermisch Schaden zu nehmen.

Mit der Gleichung $I^2 * t = Konst.$ lässt sich die zulässige Belastung bei anderen Zeiten als der geprüften Zeit bestimmen. [4]

Bemessungsstoßstromfestigkeit (I_{pk})

Die Bemessungsstoßstromfestigkeit ist der unbeeinflusste Scheitelwert des Stromes, dem der Stromkreis unter den angegebenen Prüfbedingungen standhalten kann. Sie wird vom Hersteller angegeben. [4]

Bemessungsbetriebsstrom (I_e)

Strom, den ein Schaltgerät unter Berücksichtigung von Bemessungsbetriebsspannung, Betriebsdauer, Gebrauchskategorie und Umgebungstemperatur dauerhaft führen kann. [3]

Bemessungsgrenzkurzschlussausschaltvermögen (I_{cu})

Maximaler Kurzschlussstrom, den ein Leistungsschalter unterbrechen kann. [3] Unterhalb dieses maximalen Werts ist der Leistungsschalter in der Lage, bei Überlast, mit Zeitverzögerung, auszulösen.

2.3 Betriebsmittel Niederspannung

Die Schaltanlagen für die Niederspannungsebene bestehen hauptsächlich aus folgenden Betriebsmitteln:

- Sammelschienensystem
- Leistungsschalter
- Leitungsschutzschalter
- Trennschalter
- Lasttrennschalter
- Erdungsschalter
- NH-Sicherung
- Stromwandler
- Spannungswandler
- Schutzrelais

2.4 Elektrische Merkmale Mittelspannung

Diese Werte charakterisieren die Verwendbarkeit einer Schaltanlage und werden gemäß IEC 62271-200 von dem Hersteller von Mittelspannungsschaltanlagen festgelegt. Es wird unter Anderen unterschieden:

Bemessungsspannung

Die Bemessungsspannung ist größer oder gleich der Nennspannung und spezifiziert den maximalen Wert der elektrischen Spannung im dauerhaften Normalbetrieb.

Bemessungsstrom

Der Bemessungsstrom charakterisiert den Strom eines Gerätes oder einer Einrichtung, für den das Gerät oder die Einrichtung durch eine Norm oder vom Hersteller zum

dauerhaften Betrieb ausgelegt ist.

Thermischer Kurzschlussstrom

Maximaler Wert des Stromes verursacht durch eine nahezu widerstandlose Verbindung der beiden Pole einer elektrischen Spannungsquelle, durch die eine Spannung zwischen diesen Teilen auf einen Wert nahe null fällt [5]. Die geprüfte Kurzschlussdauer ist unterschiedlich. Bei den Mittelspannungsschaltanlagen allerdings beträgt dieser Wert in der Regel ca. 3s.

Bemessungsstoßstrom

Siehe Text bei Niederspannung

Bemessungs-Blitzstoßspannung

Die Bemessung-Blitzstoßspannung ist der Effektivwert der Blitzstoßspannung. Er charakterisiert auch den bemessenen Wert der Überspannungen als Folge von Blitzeinschlägen. [5]

Bemessungs-Kurzzeit-Wechselspannung

Die Bemessungs-Kurzzeit-Wechselspannung ist eine Zeitweilige Spannungserhöhung

2.5 Betriebsmittel Mittelspannung

Zur Auswahl einer Schaltanlage sind folgende Betriebsmittel zu beachten:

- Sammelschienensystem
- Leistungsschalter
- Trennschalter
- Lasttrennschalter
- Sicherungslasttrennschalter
- Erdungsschalter
- Is-Begrenzer

- Stromwandler

- Spannungswandler

- Überspannungsableiter

- Messwerterfassung und Übertragung

- Schutzeinrichtung

3 Darstellung und Zusammenfassung der Normen sowie Maßnahmen zur Erreichung der Normkonformität

3.1 Normbestimmung

Eine Norm ist ein den Stand der Technik widerspiegelndes Dokument, welches in festgelegten Prozessen innerhalb einer Normungsorganisation entstanden ist. Normen regeln und erleichtern durch Festlegungen allgemeine und wiederkehrende Anwendungen. Sie beziehen sich sowohl auf Gegenstände als auch auf Verfahren [6].

Normen werden von Fachkreisen erarbeitet. Das sind Leute die auch selber Normen später benötigen und einsetzen. In Deutschland sind tausende Experten für die Normungsarbeit tätig. Sie sind beispielsweise Hersteller, Verbraucher, Handel, Wissenschaft, Staat oder Prüfinstitute [6].

Die Festlegung einer Norm erfolgt nach Verständigung der Experten. Dabei werden die Inhalte gründlich analysiert mit dem Ziel, eine gemeinsame Auffassung zu erreichen. Die Experten berücksichtigen dabei den Stand der Technik, die Wirtschaftlichkeit und die internationale Harmonisierung.

3.1.1 Normen für Niederspannungsschaltanlagen

Eine Niederspannungs-Schaltgerätekombination (SK) ist eine Zusammenfassung eines oder mehrerer Niederspannungs-Schaltgeräte mit zugehörigen Betriebsmitteln (zum Steuern, Messen, Melden usw.), komplett zusammengebaut mit allen inneren elektrischen und mechanischen Konstruktionsteilen. Wie alle Komponenten von elektrischen Installationen muss die SK die zugehörige Norm erfüllen. [7]

Die neue Norm IEC 61439 für die Niederspannungsschaltanlagen ist im Jahr 2009 veröffentlicht worden und gilt für Gehäuse mit einer Bemessungsspannung unter 1000 V AC (bei Frequenzen bis 1000 Hz) oder 1500 V DC. Sie führt den Begriff bauartgeprüfter Schaltgerätekombination ein. Durch den Bauartnachweis werden die Kategorien TSK für typgeprüfte Schaltgerätekombination und PTSK für partiell typgeprüfte Schaltgerätekombination ersetzt. [7]

Die IEC 61439 enthält sechs Teile, die jeweils unterschiedliche Gewichtung haben. Die Teile sind nicht für sich alleinstehend zu verwenden. Es gibt:

- IEC 61439 Teil 1 steht für die allgemeinen Anforderungen. Er kann allerdings nicht allein für die Spezifizierung einer SK angewendet werden.

- IEC 61439 Teil 2 darf nur mit Teil 1 zusammen verwendet werden und ist der einzige Teil mit einer doppelten Funktion: Er behandelt sowohl Energie-Schaltgerätekombinationen (PSC-Schaltgerätekombinationen) als auch alle SK, die nicht unter einen der anderen spezifischen Teile fallen.

- IEC 61439 Teil 3-X sind noch in Vorbereitung, werden aber in Teil 1 bereits genannt. Nach Bedarf können zusätzliche Teile entwickeln werden. [8]

3.1.1.1 Normenvergleich und Änderungen

Aufgrund Schwierigkeiten in der Umsetzung der bisherigen Norm DIN EN 60439, des Aufbaus neuer Struktur mit allgemeinem Teil und Produkteilen, der Entwicklung der Normen für Schaltanlagen, der Entscheidung die alte Begriffe TSK und PTSK durch Bauartnachweis zu ersetzen und letztendlich des Einsatzes des "Black Box Konzept„ wurde die Entscheidung getroffen die Normenreihe IEC 60439 auszuräumen. [6]

Mit der neuen Norm sollten dann alle allgemeinen Anforderungen an Niederspannungsschaltgerätekombination besser harmonisiert und definiert werden.

Die folgende Abbildung stellt die Beziehungen zwischen den beiden Normen IEC 60439 und IEC 61439 dar.

Abbildung 3.1: Normvergleich Niederspannung

Im Folgenden sind die wichtigen Änderungen der neuen Norm IEC 61439 gegenüber der letzten Ausgabe der bisherigen Norm IEC 60439 zusammengefasst:

- **Prüfung der Schaltgerätekombination**

IEC 60439

- Partiell typgeprüfte Schaltgerätekombination (PTSK)
- Typgeprüfte Schaltgerätekombination (TSK) [9]

IEC 61439

Verfahren für den Bauartnachweis:

- Nachweis durch Prüfung

Eine Muster-Schaltgerätekombination oder Teile von Schaltgerätekombinationen werden dahingehend geprüft, ob ihre Bauart die entsprechenden Anforderungen erfüllt; diese Methode entspricht den derzeitigen Typprüfungen

- Nachweis durch Berechnung/Messung

Eine Muster-Schaltgerätekombination oder Teile von Schaltgerätekombinationen werden durch Berechnungen nachgebildet, anhand derer Berechnungen wird überprüft, ob ihre Bauart die entsprechenden Anforderungen erfüllt.

- Nachweis durch Anwendung von Konstruktionsregeln

Zum Nachweis der Bauart einer Schaltgerätekombination festgelegte Regel. [8]

- **Erwärmungsprüfungen**

IEC 60439

Die Erwärmungsprüfung von Schaltgerätekombination wird durch Prüfung bei TSK und durch Prüfung oder Extrapolation bei PTSK durchgeführt [9]. Folgende sind die dafür verwendeten Methoden:

- Erwärmungsprüfung mit Strombelastung aller eingebauten Geräte.

Die Werte des Prüfstromes werden unterschiedlich genommen und variieren von 400 bis 3150 A

- Erwärmungsprüfung mit Heizwiderständen gleicher Verlustwärme.
- Messung

IEC 61439

Die festgelegten Grenztemperaturen bei mittleren Umgebungstemperaturen kleiner oder gleich 35 °C für die verschiedenen Teile der Schaltgerätekombination oder des Schaltgerätekombinationssystems dürfen nicht überschritten werden. [8]

Zum Nachweis kann eine der folgenden Methoden verwendet werden:

- Prüfung mit Strom
- Ableitung von Bemessungen für ähnliche Varianten(von einer geprüften Bauart)
- Berechnung

- **Bemessungsbelastungsfaktor RDF**

IEC 60439

Der Bemessungsbelastungsfaktor RDF (Rated Diversity Factor) wurde hier nur definiert.

IEC 61439

Das ist der Wert des Bemessungsstroms pro Einheit, mit dem mehrere Abgangsstromkreise einer SK gleichzeitig dauerhaft belastet werden können.

Der Bemessungsbelastungsfaktor darf angegeben werden:

- Für Gruppen von Stromkreisen;
- Für die gesamte Schaltgerätekombination

Der Bemessungsstrom der Stromkreise multipliziert mit dem Bemessungsbelastungsfaktor muss größer oder gleich der angenommenen Belastung der Abgänge sein.

RDF gilt für den Betrieb der SK mit Bemessungsstrom. [8]

- **Austausch von Geräten**

IEC 60439

Der Austausch von Geräten ist in der alten Norm nicht erwähnt. Es wurde nur Kriterien für die Auswahl von Geräten gegeben.

IEC 61439

- Der Austausch eines Gerätes ohne neuerlichen Bauartnachweis ist möglich, wenn das neue Gerät, das aus derselben oder einer anderen Baureihe stammt, bei Prüfung gemäß der Produktnorm im Hinblick auf Leistungsverlust und maximale **Erwärmung** mindestens gleich gute Werte aufweist wie das ursprüngliche Gerät.
- Der Austausch eines Gerätes ohne neuerlichen Bauartnachweis ist möglich, wenn das neue Gerät mit dem alten identisch ist. Bei Austausch durch ein abweichendes neues Gerät muss das neue Gerät vom selben Hersteller sein, und der Hersteller muss bescheinigen, dass es im Hinblick auf alle relevanten Eigenschaften im Zusammenhang mit **Kurschluss** mindestens gleichwertig wie das alte Gerät ist. [8]

Zusätzlich wurde neue Anforderungen aus der Norm IEC 62208 (Leergehäuse für SK) übernommen:

- **Nachweis der UV-Beständigkeit von Kunststoffgehäusen für Freiluftaufstellung**
- **Nachweis der Korrosionsbeständigkeit**
- **Pflicht zur Erklärung und Bestätigung einer Stoßspannung**

- **Anheben, Schlagprüfung, Aufschriften.**

Abbildungen 3.2 und 3.3 zeigen jeweils, wie sich das alte und neue Prüfungsablaufschema unterscheiden.

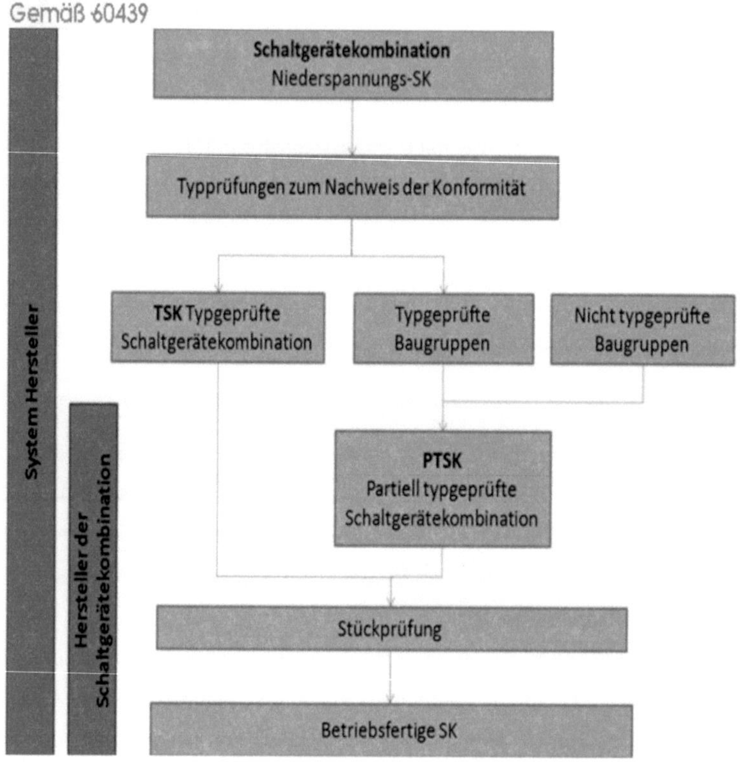

Abbildung 3.2: Altes Prüfungsablaufschema

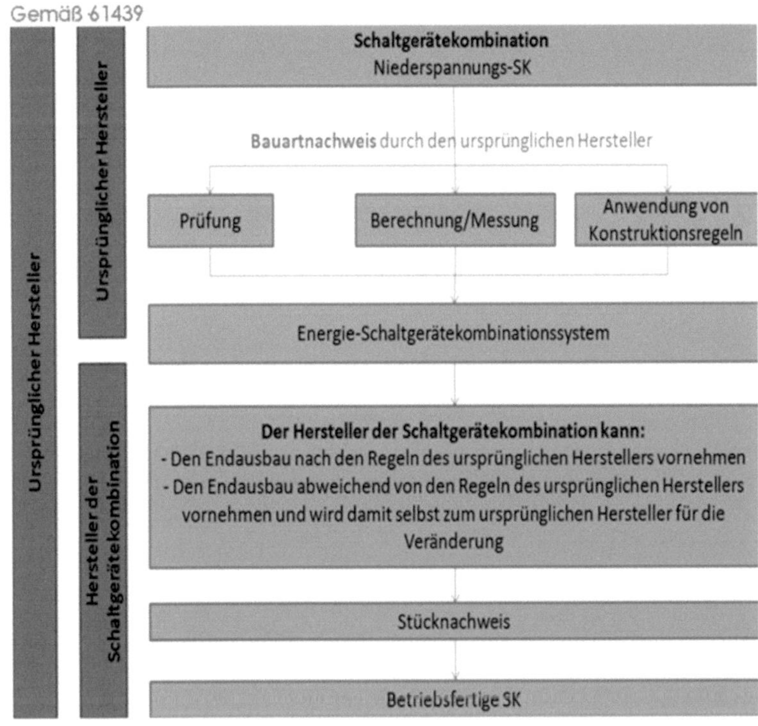

Abbildung 3.3: Neues Prüfungsablaufschema

Folgende sind die durch die Neue Normreihe verursachten Auswirkungen. Diese berühren hauptsächlich Schaltanlagen ursprüngliche Hersteller und Hersteller der Schaltgerätekombinationen:

- Die Unterscheidung zwischen typgeprüften Schaltgerätekombination (TSK) und partiell typgeprüften Schaltgerätekombinationen (PTSK) entfällt in der neuen Norm zugunsten von Nachweisverfahren.

- Die Prüfungen, die nach IEC 60439 durchgeführt wurden und die den Anforderungen der neuen IEC-Norm 61439 entsprechen, müssen nicht erneut durchgeführt werden.

Die Überprüfung der zweiten Stufe wird Stücknachweis genannt.

- Nach der Neuen Norm muss der Hersteller der Schaltgerätekombination nicht mit dem „ursprünglichen Hersteller" identisch sein. Nimmt der SK-Hersteller

29

Änderungen an der vom „ursprünglichen Hersteller" geprüften Schaltgerätekombination vor, wird er wiederum als „ursprünglicher Hersteller" im Bezug auf
diese Änderungen betrachtet und ist für den entsprechenden Bauartnachweis
verantwortlich. [7] (Siehe Abbildung 3.3)

3.1.1.2 Übergangszeiten der bisherigen Normen

Tabelle 3.1 zeigt die Übergangszeiten der alten Norm IEC 60439 und die
Änderungen gegenüber IEC 61439.

Tabelle 3.1: Normenvergleich und Übergangszeiten Niederspannung

	Titel	Alte Norme		Über-gangs-Zeiten	neue Norme	
		VDE	IEC		VDE	IEC
	Allgemeine Anforde-rungen		-		0660-600-1	6143 9-1
Schaltgerätekombinationen	Energie-Schaltgerätekombi-nationen (neu) Typgeprüfte und partiell typ-geprüfte SK (alt)	0660-500	60439 -1	11. 2014	0660-600-2	6143 9-2
	Installationsverteiler für die Bedienung durch Laien (neue). Niederspannungs-Schaltgerätekombi-nation für Be-dienung durch Laien	0660-504	60439 -3	03. 2015	0660-600-3	6143 9-3

	(alt).					
	Baustromverteiler	0660-501	60439-4	12. 2015	0660-600-4	6143 9-4
	Kabelverteiler-schränke	0660-503	60439-5	01. 2016	0660-600-5	6143 9-5
	Schienenverteiler	0660-502	60439-2	06. 2015	0660-600-6	6143 9-6
Scha ltge-räte	**Schütze und Mo-torstarter**	0660-102	60947-4-1	01.04.2 013	-	-
	Lastschalter, Trennschalter, Lasttrennschalter, Schalter-Sicherungs-Einheiten	0660-107	60947-3	01.05.2 012	-	-
	Leistungsschalter	0660-101	60947-2	01.07.2 012	-	-
	Überstrom-Schutzeinrichtungen	0660-100	60947-1	-	-	-

3.1.2 Normen für Mittelspannungsschaltanlagen

Die alte Norm für Mittelspannungsschaltanlagen IEC 60298 war seit 1990 in Kraft. Sie wurde im Wesentlichen für Luftisolierte Schaltanlagen mit ausfahrbaren Schaltgeräten konzipiert. Gasisolierte Technik wurde bislang nur unzureichend berücksichtigt. Mit dem Ziel eine gemeinsame Norm für luftisolierte- und gasisolierte Schaltanlagen zu schaffen wurde die alte Norm Überarbeitet und es entstand die Norm IEC 62271-200. Seitdem müssen Schaltanlagenhersteller alle durch die neue Norm ausgelösten Änderungen berücksichtigen.

3.1.2.1 Normenvergleich und Änderungen

Die bei Mittelspannungsschaltanlagen neue eingeführte Norm DIN EN 62271-200 ist seit 2004 in Kraft.

DIN EN 62271-200 ist konzipiert für Luft- und gasisolierte Schaltanlagen. Die Prüfkriterien wurden genauer spezifiziert, um eine bessere Vergleichbarkeit zu gewährleisten.

Die im Vergleich zur alten Norm geänderten Kriterien sind folgende [10] [11]:

- Dielektrische Prüfung

- Nachweis des Ein- und Ausschaltvermögens

- Betriebsverfügbarkeit von Schaltanlagen

- Schottungsklasse

- Störlichtbogenqualifikation

- **Dielektrische Prüfung**

60298

Stoßspannungsprüfung mit 15 Stößen und max. 2 Fehlern.

62271-200

Stoßspannungsprüfung mit 15 Stößen und max. 2 Fehlern. Die Prüfung kann auch bis auf 25 Stöße erweitert werden mit max. 2 Fehlern, wenn der Fehler am Ende der Prüfreihe auftritt

- **Ein und Ausschaltvermögen**

60298

Die Typprüfung der Geräte ist ausreichend

62271-200

Die Typprüfung und Geräteprüfung muss auch zusätzlich im entsprechenden Schaltfeld erfolgen.

- Die **Betriebsverfügbarkeit** und die **Schottungsklassen** sind unten (Abbildung 3.5) gemäß IEC 62271-200 dargestellt. Darüber gibt es keine Kriterien hinsichtlich alter Norm.
- **Störlichtbogenprüfung**

60298

Freie Feldwahl, Deckennachbildung nach Herstellerangaben.

62271-200

Die Prüfung geschieht im Endfeld einer Zusammenstellung von mindestens drei Feldern, Deckennachbildung 600 mm über Feldoberkante.

- **Störlichtbogenkriterien**

Es sind die Kriterien, die bei der Störlichtbogenprüfung eingehalten werden müssen.

60298

Abdeckungen und Türen müssen geschlossen bleiben, keine wegfliegenden Teile, Kapselung geschlossen, Senkrechte und waagerechte Indikatoren, und die Schutzleiterkreise müssen funktionstüchtig sein.

62271-200

Die bei der Prüfung aufgetretenen Verformungen sind zulässig. Es dürfen keine Teile mit einer Masse von mehr als 60 g wegfliegen. Keine Entzündung von Indikatoren durch heiße Gase. Die Kapselung der Schaltanlage muss mit ihrem Erdungspunkt verbunden bleiben.

IEC 60298

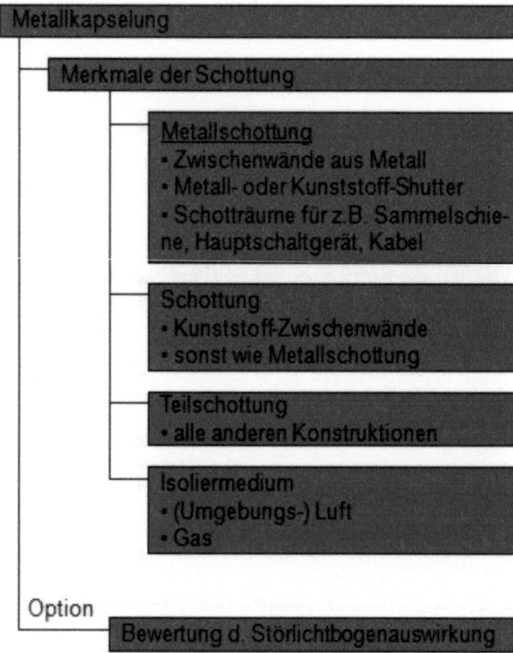

Abbildung 3.4: Alte Klassifizierungsstruktur

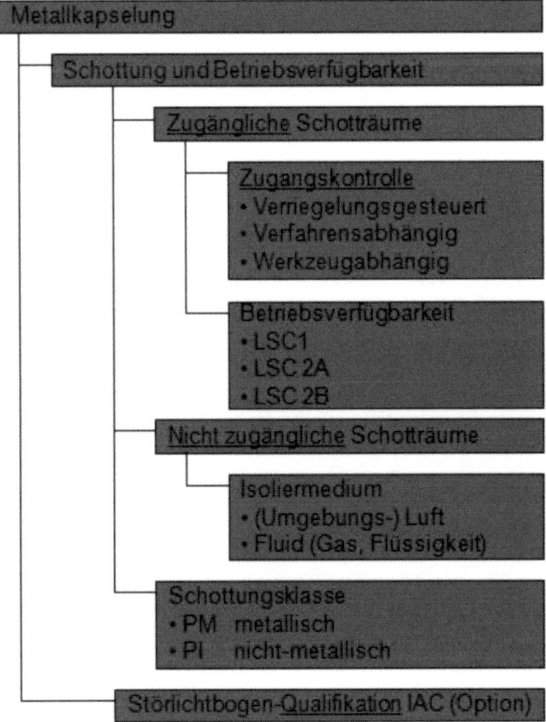

Abbildung 3.5: Aktuelle Klassifizierungsstruktur

Die neue Norm IEC 62271-200 hat allerdings mehrere Auswirkungen auf den Betreiber von Schaltanlagen:

- Die neue metallgekapselte Mittelspannungs-Schaltanlagen müssen die Anforderungen von IEC 62271-200 entsprechen.

- Die bereits vorhandene Schaltanlagen können weiter nach IEC 60298 betrieben werden. Es besteht Bestandsschutz für alle Schaltanlagen, die vor dem 01. Februar 2007 in Betrieb genommen wurden.

- Erweiterungen bereits vorhandener Schaltanlagen mit Schaltfeldern des gleichen Schaltanlagentyps belassen die gesamte Anlage auf dem Status einer

Anlage nach IEC 60298 unabhängig davon, welcher Norm die neuen Felder entsprechen.

3.1.2.2 Übergangszeiten der bisherigen Normen

Tabelle 3.2 stellt die Übergangszeiten der alten Normen für Mittelspannungsschaltanlagen und von Schaltgeräten dar, sowie die Nummerierung neuer Normen gegenüber alten Normen.

	Titel	Alte Norme		Übergangs-Zeiten	Aktuelle Norme	
		IEC	VDE		IEC	VDE
	Gemeinsame Bestimmungen	60694	0670-1000	2007	62271-1	0671-1
Anlagen	Metallgekapselte Schaltanlagen	60298	0670-6	2001	62271-200	0671-200
	Isolierstoffgekapselte Schaltanlagen	60466	0670-7	2001	62271-201	0671-201
	HS/NS Kompaktstationen	61330	0670-611	2011	62271-202	0671-202
Schaltgeräte	Leistungsschalter	60056	0670-101...107	2002	62271-100	0671-100
	Trenn- und Erdungsschalter	60129	0670-2	2011	62271-102	0671-102

	Lastschal- ter/Lasttrenns chalter	60265-1	0670-301	2003	62271-103	0671-103
	Lastschalter- Sicherungs- kombinatio- nen	60420	0670-303	2006	62271-105	0671-105
	Schütze	60470	0670-501	2006	62271-106	0671-106
	HH- Sicherungen	60282	0670-4	-	60282	0670-4

Tabelle 3.2: Normenvergleich und Übergangszeiten Mittelspannung

3.2 Maßnahmen zur Erreichung der Normkonformität

Eine normkonforme Nutzung elektrischer Schaltanlagen ist dann gewährleistet, wenn verschiedene Prüfungen an Anlagen durchgeführt und bestanden werden.

Die Berechnung und die richtige Anwendung von Konstruktionsregeln müssen ebenfalls nachgewiesen werden.

3.2.1 Niederspannung

Bei den Niederspannungs-Schaltgerätekombinationen erfolgen alle Prüfungen laut dem neuen Prüfungsablaufschema (Abbildung 3.3)

Folgende zusätzliche Anforderungen aus der Norm IEC 62208 (Leergehäuse für SK) werden benötigt:

- Nachweis der UV-Beständigkeit von Kunststoffgehäusen für Freiluftaufstellung

- Nachweis der Korrosionsbeständigkeit

- Pflicht zur Erklärung und Bestätigung einer Stoßspannung

- Anheben, Schlagprüfung, Aufschriften

- Erwärmungsgrenze

- Kurzschlussfestigkeit

Der Nachweis der **Anlagenerwärmung** erfolgt gemäß IEC 61439-1 und kann mit Hilfe einer von diesen drei verschiedenen Möglichkeiten erfolgen:

> ➢ Prüfung einer SK mit Strom
> ➢ Ableitung von Bemessungswerten für ähnliche Varianten (auf Grundlage geprüfter Bauart)
> ➢ Berechnung

Zur Berechnung gibt es zwei Methoden: Eine Methode ist die Berechnung der gesamten Leistungsverluste und gilt für Schaltgerätekombinationen mit einem einzigen Abteil und einem Bemessungsstrom bis 630 A. Die weitere Methode ist die Berechnung gemäß der Methode nach IEC 60890 für SK mit mehreren Abteilen, maximal drei horizontale Unterleitungen und einem Bemessungsstrom bis 1600 A. [8]

Aufschriften

Geprüft wird außerdem die Lesbarkeit der Aufschriften. Die folgenden Angaben müssen auf Beschriftungsschildern gut lesbar sein:

> ➢ Name des Herstellers der Schaltgerätekombination
> ➢ die Kennnummer
> ➢ das Herstellungsdatum (ist neu eingeführt)
> ➢ IEC 61439-X der zutreffende Teil „X" ist anzugeben (neu eingeführt)

3.2.2 Mittelspannung

Zur Erreichung der Normkonformität sollen Mittelspannungsschaltanlagen folgende Bedingungen erfüllen:

- Dielektrische Prüfung

- Ein- und Ausschaltvermögen

- Betriebsverfügbarkeit

Die Verfügbarkeit legt fest welche Teile der Schaltanlage beim Öffnen eines Schottraums weiterbetrieben werden können

- Schottung

- Störlichtbogenprüfung

4 Innerer Schutz

4.1 Störlichtbogen

4.1.1 Definition

Unter dem Begriff Störlichtbogen versteht man eine elektrische Gasentladung mit einer stetig erzeugten Plasmaentladung, die zu Schäden oder Unfällen führt.

Die Störlichtbögen entstehen, wenn die Isolation zwischen den Leitern oder zwischen Leiter und Erde unzulässig gemindert wird. Das Auftreten eines Störlichtbogens in Mittel- und Niederspannungsschaltanlagen ist trotz hoher Fertigungsqualität und Prüfung von Schaltfeldern nicht vollständig zu vermeiden.

Die häufig zu Störlichtbogen führenden Ursachen sind:

- Anlagenverschmutzung und Tiere

- Schäden an der Isolation

- Handhabungs- und Bedienungsfehler

- Brückenbildung zwischen Leiterbahnen durch vergessene Kleinteile oder Werkzeuge

- Nachträgliche Erhöhung der Leistungsabnahme ohne Anpassung der Anlage

Da das Entstehen von Lichtbogen nicht vorhersehbar ist, ist es erforderlich Maßnahmen zu treffen, um Schaden zu vermeiden bzw. zu reduzieren.

4.1.2 Lichtbogenschutz

Zum Schutz gegen Störlichtbogen gibt es heutzutage viele Technologien, die im Vergleich zu den normalen Schutzeinrichtungen (passiver Störlichtbogenschutze) blitzschnell reagieren und somit eine nur sehr kurze Lichtbogenbrenndauer zulassen. Es wird unter anderen das Arcon-System und das Arc-K-System unterschieden.

4.1.2.1 Schutz durch Arcon

ARCON ist die meist verwendete Störlichtbogen-Schutzeinrichtung für die Niederspannungsschaltanlagen (siehe Abbildungen 4.1 und 4.2).

Das System ist mit Lichtsensoren auf Glasfaserbasis gebaut, die das vom Störlichtbogenstrom emittierte Licht erfassen. Der Störlichtbogenstrom wird vom dem Stromwandler ermittelt. Dann erfolgt durch die Auswerteinheit gleichzeitig die Registrierung beide Werte, nachfolgend werden zwei Schaltelemente gleichzeitig angesteuert: Das Löschgerät und der vorgeschaltete Leistungs-schalter. Das Löschgerät leitet durch seinen pyrotechnischen Gasantrieb einen metallischen Kurzschluss ein. In weniger als **2 ms** nach seiner Entstehung ist der Störlichtbogen gelöscht. [12]

Der Leistungsschalter trennt die Anlage vom Netz. Nach einer kurzen Inspekti-on, Behebung der Ursache, Austausch des Löschgeräts und einer abschlie-ßenden Isolationsprüfung kann die Anlage wieder im Betrieb genommen werden.

Abbildung 4.2 zeigt wie das Löschgerät eines Arcon-Systems in einer Schaltan-lage elnzubauen ist.

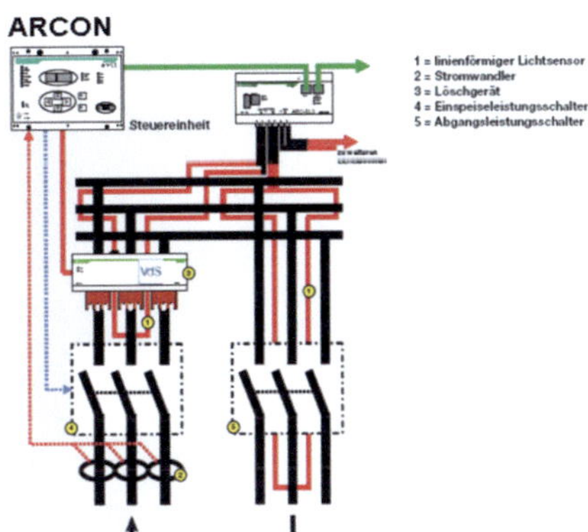

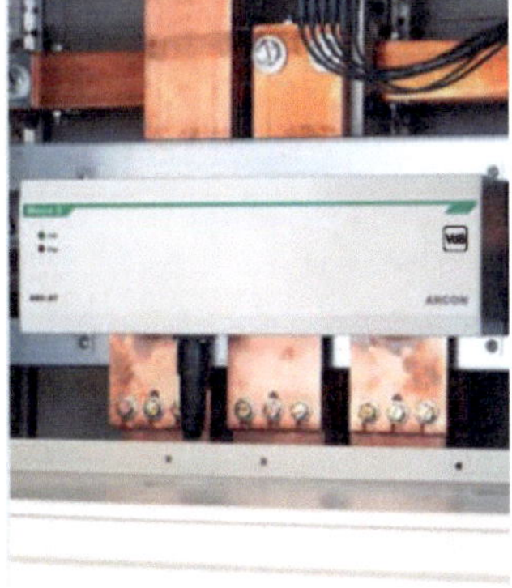

Abbildung 4.1: Arcon-Systemübersicht [12]   Abbildung 4.2: Arcon-Montage [12]

4.1.2.2 Schutz durch das Arc-K-System

Das ist das von dem Niederspannungsschaltanlagen-Hersteller Kautz angebotene Störlichtbogensystem (unten in Abbildung 4.3 dargestellt). Dies funktioniert gemäß gleichen Prinzipien wie das ARCON System.

Das Arc-K-System ist in der Lage Störlichtbögen zu erkennen und innerhalb von **1,2 ms** zu löschen. Dies geschieht wie folgt:

Mittels mehrerer optischer Sensoren, die in der Anlage verteilt positioniert werden, ist das System in der Lage einen möglichen Anfangsstörlichtbogen zu detektieren.

Durch die Aktivierung eines speziell entwickelten Löschgeräts wird ein dreipoliger Kurzschluss auf der Hauptsammelschiene initiiert. Dieser sorgt für ein blitzschnelles Verlöschen des Störlichtbogens.

Weiterhin erfolgt eine Abschaltung der Einspeiseschalter, um die Anlagen vom Kurzschluss zu entlasten. Eine unkontrollierte Freisetzung von Energie wird somit effektiv verhindert und der Störlichtbogen sicher beherrscht. [13]

Abbildung 4.3 zeigt die Einbauposition für ein Arc-k-Gerät in einer Schaltanlage.

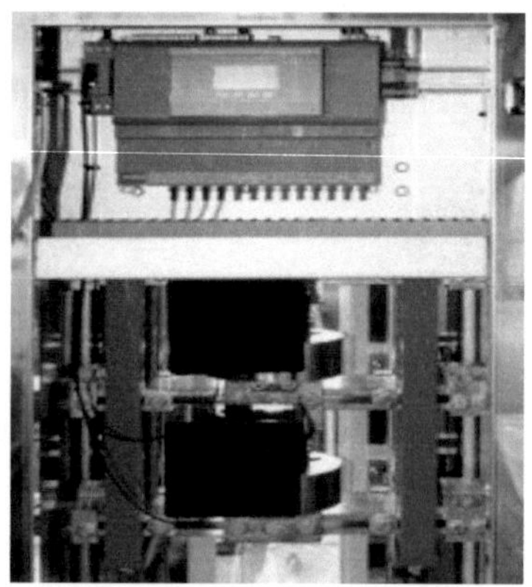

Abbildung 4.3: Arc-K-System [13]

Die zwei oben dargestellten Technologien können ebenfalls in den Mittelspannungsschaltanlagen zum Lichtbogenschutz eingesetzt werden.

Ansonsten werden In der Mittelspannung üblicherweise Methoden mittels Gas, Luftdruck oder Flüssigkeiten zum Löschen des Lichtbogens verwendet, die in der Niederspannung selten vorkommen. Heutzutage werden sehr oft Vakuumleistungsschalter und SF6-Leistungsschalter eingesetzt. Sie sind in der Lage Lichtbogen zu löschen aber können auch andere Aufgaben erfüllen wie z.B. Steuerung, Überwachung, messen, Selbstdiagnose.

4.1.2.3 Vakuumleistungsschalter

Sie sind Leistungsschalter mit einer Vakuumschaltkammer.

Das Löschprinzip ist unterschiedlich von Schaltgeräten zu den Anderen.

Bei der galvanischen Trennung der Schaltstücke (siehe Abbildung 4.4) wird durch den auszuschaltenden Strom eine Metalldampfbogenentladung eingeleitet. Über dieses Metalldampfplasma fließt der Strom bis zum nächsten Nulldurchgang. Der Lichtbogen erlischt in der Nähe des Stromnulldurchganges.

Die Kontakttrennung soll kurz vor einem Stromnulldurchgang erfolgen, damit der Lichtbogen noch sicher gelöscht wird.

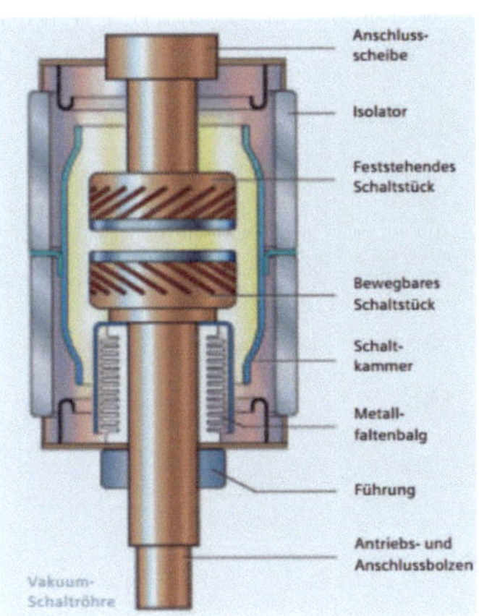

Abbildung 4.4: Vakuumschaltröhre eines Vakuumleistungsschalters [14]

4.1.2.4 SF6-Leistungsschalter

Das Schwefelhexafluorid-Gas (SF6) ist aufgrund seiner hohen elektrischen Festigkeit und große Wärmeleitfähigkeit in der Leistungsschaltertechnik als Isoliergas zum Löschen entstehenden Lichtbogen benutzt.

Das Lichtbogenlöschprinzip soll Anhand von Abbildung 4.5 erläutert werden.

Während des Ausschaltens öffnet zuerst der Hauptkontakt (4), und der Strom kommutiert auf den noch geschlossenen Lichtbogenkontakt. Im weiteren Verlauf öffnet sich der Lichtbogenkontakt (3), und es wird zwischen den Kontakten ein Lichtbogen gezogen. Gleichzeitig bewegt sich der Kontaktzylinder (5) in den Sockel (6) und verdichtet das dort befindliche SF6-Gas. Diese Gaskompression erzeugt einen Gasstrom durch den Kontaktzylinder (5) und die Düse (2) hin zum Lichtbogenkontakt, wodurch der Lichtbogen gelöscht wird. [15]

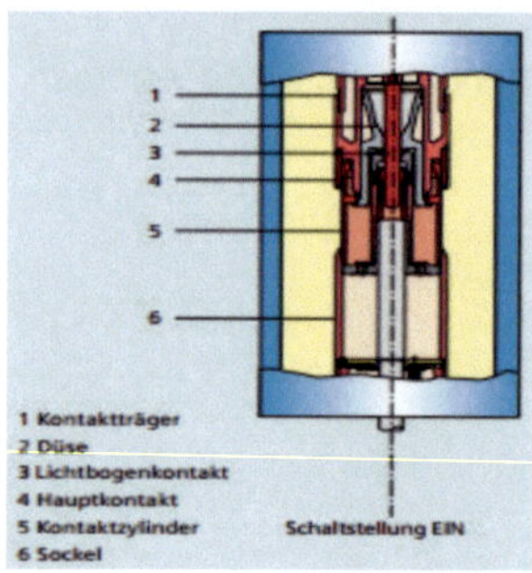

Abbildung 4.5: Schaltkammer eines GIS-Leistungsschalters [15]

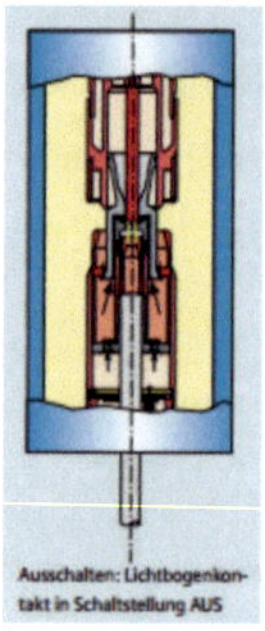

Abbildung 4.6: Lichtbogen Ausschaltzustand [15]

5 Darstellung der technischen Maßnahmen während des Betriebes

Zur sicheren Bedienung von Schaltanlagen während des Betriebes gibt es Maßnahmen, die getroffen werden, um Personal und Anlagentechniker bei den unterschiedlichen Schalthandlungen schützen zu können. Von den Anweisungen und Indikatoren bis zur Verriegelungsbedingungen müssen alle Normen erfüllt werden.

5.1 Niederspannung

5.1.1 Form der inneren Unterteilung

Laut IEC 61439-1, sowie schon bei der alten Norm IEC 60439-1 können Niederspannungs-Schaltgerätekombinationen durch Trennwände oder Abdeckungen in getrennte Abteile oder geschützte Fächer unterteilt werden. Die Fächer enthalten die verschiedenen Funktionseinheiten. Das Ziel der Trennung ist:

- Der Schutz gegen das Berühren aktiver Teile in einer benachbarten Funktionseinheit.

- Die Einschränkung der Möglichkeit, dass ein Störlichtbogen eingeleitet Wird.

- Der Schutz gegen das Eindringen fester Fremdkörper aus einer Funktionseinheit in eine benachbarte Funktionseinheit.

Die inneren Unterteilungen dienen zum Schutz des Personals und der Anlage bei Arbeiten an der Schaltgerätekombination, wenn diese aus betriebsbedingten Gründen nicht spannungsfrei geschaltet werden kann.

Die Verteilfelder können optimal in verschiedenen Formen der inneren Unterteilung ausgeführt werden und dies je nach den betrieblichen Erfordernissen.

Folgende Formen der inneren Unterteilung werden unterschieden [3]:

- Form 1

Bei der Form 1 gibt es keine innere Unterteilung nach Funktionseinheit

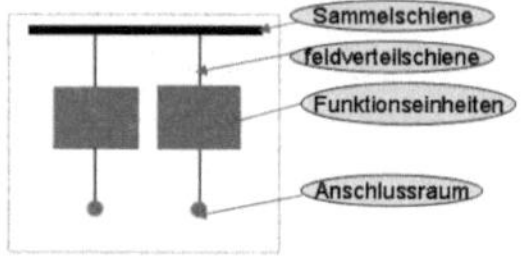

- Form 2a

Dies ist die Unterteilung zwischen Sammelschienen und Funktionseinheiten. Die Anschlüsse der äußeren Leiter sind nicht von Sammelschiene getrennt

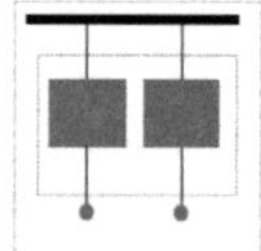

- Form 2b

Innere Unterteilung zwischen Sammelschienen und Funktionseinheiten. Die Anschlüsse für äußere Leiter sind von den Sammelschienen getrennt.

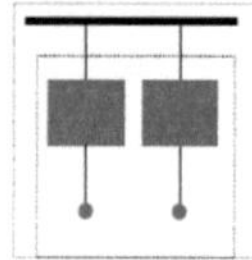

- Form 3a

Innere Unterteilung zwischen Sammelschienen, Funktionseinheiten und Funktionseinheiten untereinander, Unterteilung zwischen Anschlüssen und Funktionseinheiten. Der Anschlussraum wird nicht von Sammelschienen getrennt.

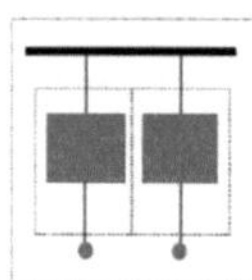

- Form 3b

Unterteilung zwischen Sammelschienen, Funktionseinheiten und Funktionseinheiten untereinander. Äußere Anschlüsse sind von Sammelschiene getrennt.

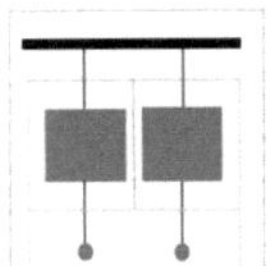

- Form 4a

Innere Unterteilung zwischen Sammelschienen und Funktionseinheiten sowie
den Funktionseinheiten untereinander, einschließlich der Anschlüsse für äußere
Leiter, die ein integraler Bestandteil der Funktionseinheit sind.

Die Anschlüsse für äußere Leiter befinden sich im gleichen Abteil wie die
zugeordnete Funktionseinheit

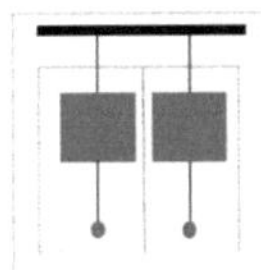

- Form 4b

Innere Unterteilung zwischen Sammelschienen und Funktionseinheiten sowie
den Funktionseinheiten untereinander, einschließlich der Anschlüsse für äußere
Leiter, die ein integraler Bestandteil der Funktionseinheit sind.

Die Anschlüsse für äußere Leiter, die nicht im gleichen Abteil sind wie die
zugeordnete Funktionseinheit, die aber in einem gesonderten, eigenen umhüll-
ten geschützten Raum oder Abteil sind.

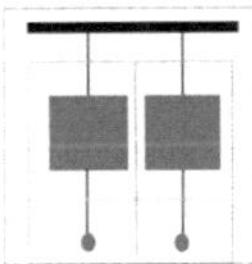

5.1.2 Schutzart

Zur Gewährleistung der Betriebssicherheit Niederspannungsschaltanlagen muss die Schutzart berücksichtigt und festgelegt werden.

Die Schutzart charakterisiert die Eignung von elektrischen Betriebsmitteln für verschiedene Umgebungsbedingungen und der Schutz von Menschen gegen potentielle Gefährdung

Die Schutzart von Schaltgerätekombinationen hinsichtlich des Berührungs-schutzes aktiver Teile, des Eindringens fester Fremdkörper und Flüssigkeiten wird mit den Buchstaben IP gemäß IEC 60529 kenntlich gemacht. [16]

Die Schutzart ist ein Kriterium für den Baunachweis. Sie erfolgt gemäß einer Vereinbarung zwischen Hersteller und Benutzer.

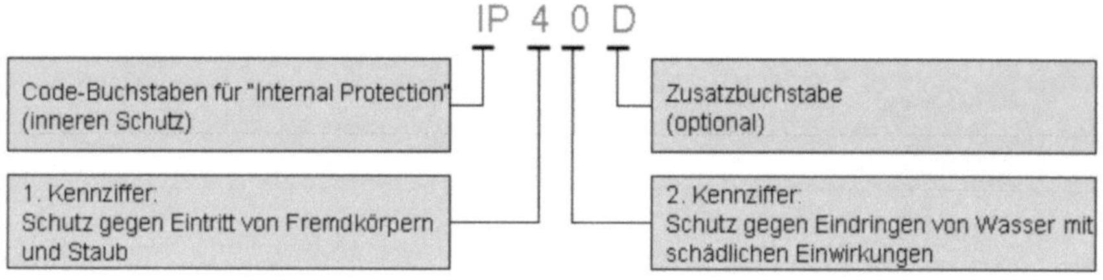

Abbildung 5.1: Bezeichnung der Schutzarten [16]

Wenn eine Kennziffer nicht spezifiziert ist, wird sie durch den Buchstabe "X" ersetzt, bzw. durch "XX", wenn beide Ziffern entfallen.

Je höher die Kennziffern, desto besser ist der Schutz.

5.1.3 Schutzmaßnahme

5.1.3.1 Schutz gegen direktes Berühren

Der Schutz gegen direktes Berühren fasst sich in drei Teilen zusammen:

- Vollständiger Schutz

Die Isolierung aktiver Teilen muss vollständig sein und darf lediglich durch Zerstören entfernt werden. Zu dem vollständigen Schutz gehört auch die Schutzart.

- Teilweiser Schutz

Hier geht es Beispielsweise um Schutzleisten, Geländer oder Gitterwände, die die zufällige Annäherung an aktive Teile verhindern.

Im Bezug auf den Abstand, dürfen sich im Handbereich keine gleichzeitig berührbaren Teile unterschiedlichen Potential befinden

- Zusätzlicher Schutz durch RCD-Schutzeinrichtung

Sie sind Fehlerschutzeinrichtungen, die einen zusätzlichen Schutz bei direktem Berühren aktiver Teile ermöglichen [8]

Das umfasst alle Maßnahmen zum Schutz von Personen bei Gefahren, die durch gefährliche Berührungsspannungen an Körpern entstehen.

- Schutz Durch Abschaltung oder Meldung über Schutzleiter (Klasse I)

Alle Metallteile, die während des Betriebs und der Wartung im Fehlerfall Spannung aufnehmen können, müssen leitend mit dem Erdleiter verbunden sein.

Die Geräte bei dieser Schutzklasse müssen mit einem Schutzleiter verbunden sein.

- Schutz durch Schutzisolierung (Klasse II)

Der Berührungsschutz erfolgt mit einer Schutzisolierung. Alle spannungsführenden Teile haben neben der Betriebs-Isolierung noch eine weitere Isolation.

Die Geräte müssen nicht mit einem Schutzleiter verbunden sein. Somit kann auf Schutzleiter verzichtet werden.

- Schutz durch Schutzeinrichtungen oder Kleinspannung (Klasse III) 

Hier fallen Geräte mit Niedrig-Spannungsversorgung kleiner als 50 Volt durch einen Schutztransformator oder Batterien.

Die Geräte besitzen keinen Anschluss für eine Schutzisolierung – sie dürfen nicht mit dem Schutzleiter Verbunden werden.

Bei den SchaltgeräteKombinationen kommen zur Betriebssicherheit und zum Personenschutz die Schutzklasse I und Schutzklasse II häufig zum Einsatz. [8]

5.2 Mittelspannung

5.2.1 Zugänglichkeit von Schotträumen

Hinsichtlich der Zugänglichkeit wurden die folgenden Arten von Schotträumen festgelegt.

- Für den Betreiber zugängliche Schotträume

Das fasst die verriegelungsgesteuert und verfahrensabhängig zugängliche Schotträume zusammen. Sie sind beim normalen Betrieb und bei normaler Instandhaltung zu öffnen (z.B. Sicherungswechsel).

Zum Öffnen **verriegelungsgesteuert** zugängliche Schotträume sind keine Werkzeuge erforderlich. Der Zugang ist nur möglich, wenn Hochspannungsteile spannungsfrei und geerdet sind.

Beim **verfahrensabhängig** zugänglichen Schotträumen werden ebenfalls keine Werkzeuge ebenfalls benötigt. Die Vorkehrungen für die Verriegelung sind mit den Arbeitsanweisungen des Betreibers zu kombinieren, um den Zugang nur zuzulassen, wenn Hochspannungsteile spannungsfrei und geerdet sind.

- Schotträume mit Zugänglichkeit nur für besondere Fälle

Sie sind werkzeugabhängig. Der Schottraum ist von dem Betreiber zu öffnen und ist nicht für normalen Betrieb und Instandhaltung vorgesehen (z.B. Kabelprüfung).

Das Öffnen geschieht ausschließlich mit Werkzeugen. Es gibt keine festgelegten Vorkehrungen, um das Zugangsverfahren zu beschreiben. Besondere Maßnahmen können erforderlich sein, um die Funktion der Anlage während des Zugangs aufrechtzuerhalten.

- Nicht zugänglicher Schottraum

Das Öffnen ist hier nicht vorgesehen. (z.B. gasisolierte Schotträume von GIS-Schaltanlage) [17]

Das Öffnen des Schottraumes kann ihn selbst zerstören.

Die nachfolgende Tabelle zeigt zusammenfassend alle Arte von Schottungsräume mit den zugehörigen Merkmalen.

Arten von Schotträumen	Zugangskontrolle	Zugangsmöglichkeiten
Zugänglich, Verriegelungsgesteuert	-für normalen Betrieb und Instandhaltung	-Wenn HS-Teile geerdert
Zugänglich, Verfahrensabhängig		- über Schloß und Arbeitsanweisungen
Zugänglich, Werkzeugabhängig	- nicht für normalen Betrieb / Instandhaltung	- mit Werkzeug und Arbeitsanweisungen
Nicht zugänglicher Schottraum	-Für Betreiber nicht möglich/nicht beabsichtigt - Öffnen kann Schottraum zerstören	

Tabelle 5.1: Schotträume

5.2.2 Schottungsklassen

Mit der Aktuellen Norm IEC 62271-200 werden neue Schottungsklassen eingeführt. Es werden Unterschiede erkannt und zwar hinsichtlich der Art der Trennwände und Shutter zwischen unter Spannung stehenden Teilen und einem geöffneten Schottraum:

Klasse PM (Partition of Metal) ist wenn zwischen unter Spannung stehenden Teilen und geöffnetem Schottraum metallischen Shutter und Zwischenwände vorhanden sind.

Klasse PI (Partition of insulating material) steht für nicht-metallische (Kunst-stoff) Zwischenwände und Shutter zwischen offenem Schottraum und unter Spannung stehenden Teilen.

Bei gasisolierten Schaltanlagen dürfen alle Schotträume betriebsmäßig nicht geöffnet werden. [17]

5.2.3 Betriebsverfügbarkeit LSC

Die Sicherheit bei den Schaltanlagen ist abhängig von der Betriebsverfügbar-keit. Je nach Verfügbarkeitskategorie einer Anlage sind während des Betriebs bestimmte Schaltvorgänge erforderlich, bevor an der Anlage gearbeitet wird.

Es lässt sich durch die unterschiedlichen LSC-Kategorien die Möglichkeit beschreiben andere Schotträume und /oder Schaltfelder unter Spannung zu halten, während ein Schottraum einer Hauptstrombahn geöffnet wird.

Es gibt:

- LSC1

Dabei müssen andere Schaltfelder oder einige dieser Schaltfelder ausgeschal-tet, zumindest ein weiteres oder Sammelschiene Abschnitt. Die Anlage wird ohne Feldtrennwände konzipiert.

- LSC2

    LSC2A

Alle anderen Schaltfelder bleiben unter Spannung, wenn ein zugänglicher Schottraum in einem Schaltfeld geöffnet ist. Ausgeführt wird mit Feldtrennwän-de und Trennstrecke mit Schottung zur Sammelschiene

    LSC2B

Alle anderen Schaltfelder und auch der Kabelanschlussraum des offenen Schaltfeldes können unter Spannung bleiben. Die Schaltanlagen mit dieser Kategorie LSC werden mit Feldtrennwände und Trennstrecken mit Schottung zur Sammelschiene sowie zum Kabel ausgerüstet. [17]

5.2.4 Druckentlastung

Der Druck in Schaltanlagen kann durch Störlichtbogen entstehen.

Es werden Maßnahmen eingebaut, um den Druck beherrschen zu können wie z.B Absorberelemente in den Schaltanlagen, Druckentlastungskanälen, Sowie Druckentlastungsöffnungen in den Raumwänden zur Sicherung der Schalträume.

6 Darstellung der marktüblichen Varianten von Mittel- und Niederspannungsschaltanlagen

6.1 Niederspannungsanlagen

Unter dem Oberbegriff Niederspannungs-Schaltgerätekombinationen, werden alle Niederspannungs-Schaltanlagen in der Norm DIN EN 60439-1 (alte Norm bis 2014 gültig) bzw. DIN EN 61439-2 (neue Norm)und ihren nachgeordneten Teilen zusammengefasst.

Zur bauartgeprüften Niederspannungs-Schalgerätekombination gilt die Feldvarianten: Motor Control Center, Leistungsschalter, Lasttrennschalter mit Sicherung, NH-Sicherungslastschaltleisten.

Es gibt verschiedene Ausführungsformen von Niederspannungs-Schaltgeräte-Kombinationen je nach Anwendungsbereiche. Ihre Einteilung erfolgt nach verschiedenen Kriterien.

6.1.1 Festeinbautechnik

Bei dieser Variante sind der Leistungsschalter, Lasttrennschalter oder Sicherungen in dem Schaltfeld fest eingebaut.

Die Schaltgeräte werden auf stufenlos einstellbare Geräteträger aufgebaut und mit der Einspeiseseite an die vertikalen Verteilschienen angeschlossen. Nach vorn wird das Feld mit Blenden mit und ohne Schwenkfunktion oder mit zusätzlichen Türen mit oder ohne Sichtscheibe abgedeckt.

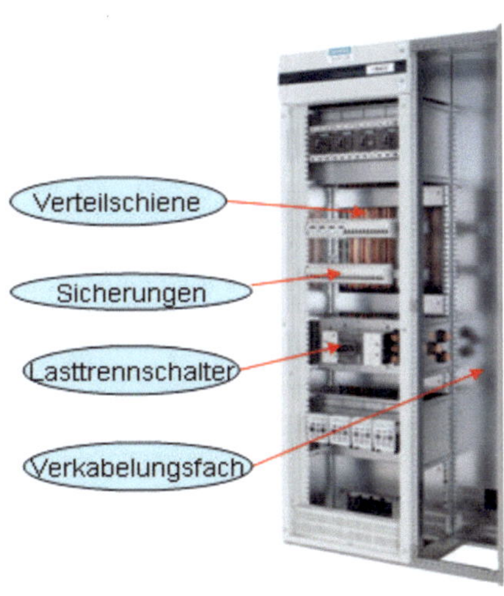

Abbildung 6.1: Festeinbautechnik [18]

6.1.1.1 Blindleistungskompensation

Die Blindleistung entsteht in einem Stromnetz durch induktive lineare Verbraucher (Motoren, Transformatoren, Drosseln) und induktive nichtlineare Verbraucher (Stromrichter, Umrichter, Lichtbogenöfen). Um diese Leistung kompensieren zu können stehen Kompensationsfelder zur Verfügung. Sie dienen zur Entlastung von Transformatoren und Kabel, Reduzierung der Übertragungsverluste. Dadurch wird Energie gespart.

Die Anlagen zur Blindstromkompensation gehören ebenfalls zur Festeinbautechnik, da in dem Kompensationsfeld Kompensationsmodulen und auch Sicherungslasttrenner fest eingebaut werden.

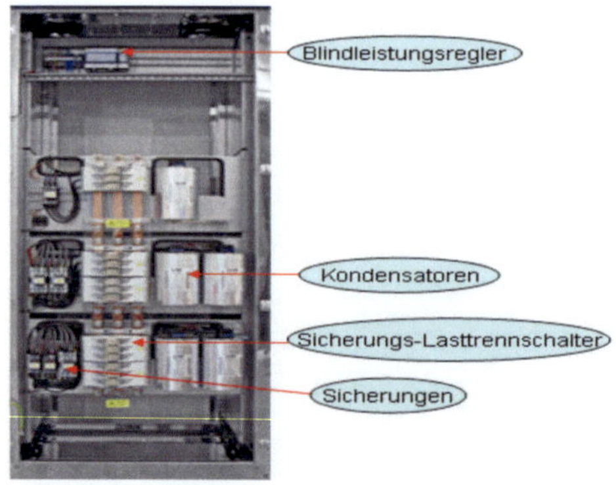

Abbildung 6.2: Kompensationsanlage [13]

6.1.2 Einschubtechnik

Die Einschubtechnik charakterisiert Felder, bei denen die Schaltgeräte wie Leistungsschalter, der Lastschalter, die Sicherungen oder die Motor-Module eingeschoben oder rausgezogen werden können. Das weist eine sehr hohe Flexibilität hinsichtlich Wartungsarbeiten auf, da die Schaltgeräte aufgrund Instandhaltungsarbeiten durch Anlagentechniker schnell gewechselt werden können.

Die Einschubtechnik kommt in fast allen Schaltgerätekombinationen vor, z.B. bei dem Leistungsschalterfeld oder im Motor Control Center wobei sich der Leistungsschalter (Einspeise- oder Abgangsfeld) ins Feld hineinschieben lässt.

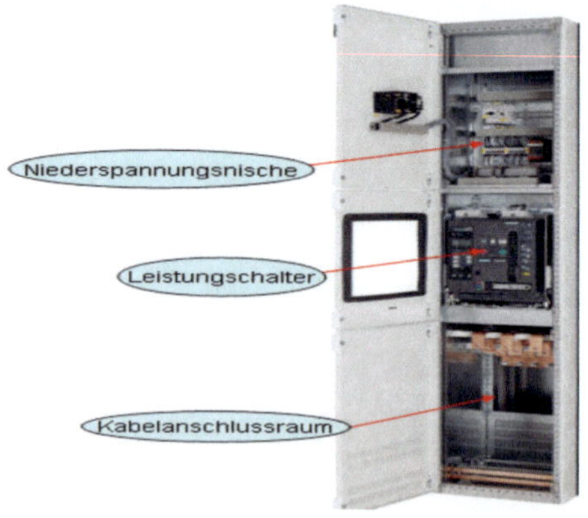

Abbildung 6.3: Einschubtechnik [18]

6.1.3 Leistentechnik

- Gesteckt

  Die Felder für Kabelabzweige in Stecktechnik bis 630 A sind für den Einbau von Lasttrennschaltern mit NH-Sicherung in Leistenform gedacht. Die Lasttrennschalter werden waagerecht im Feld eingebaut. Die Leisten können ohne Abschalten der Hauptsammelschiene nach- und umgerüstet werden. Das Aufstecken der Sicherungsschaltleisten erfolgt auf die Verteilschiene

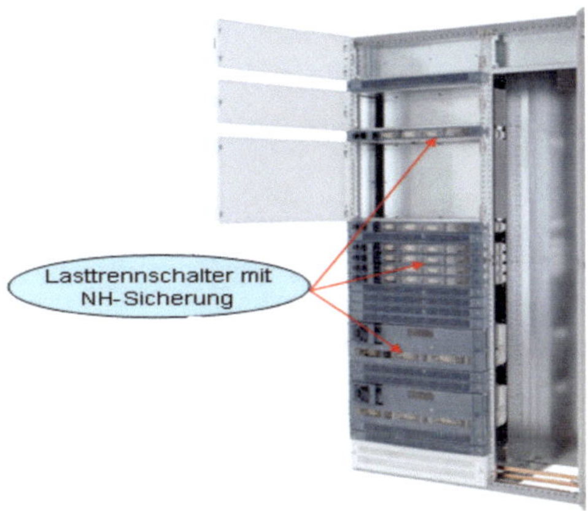

Abbildung 6.4: Steck-Leistentechnik [18]

- Fest eingebaut

  Die Felder für Kabelabgänge in Festeinbautechnik bis 630 A sind für den Einbau von NH-Sicherungs-Lasttrennleisten konzipiert Die Sicherungs-Lasttrennleisten werden direkt auf das Feldschienensystem senkrecht aufgeschraubt.

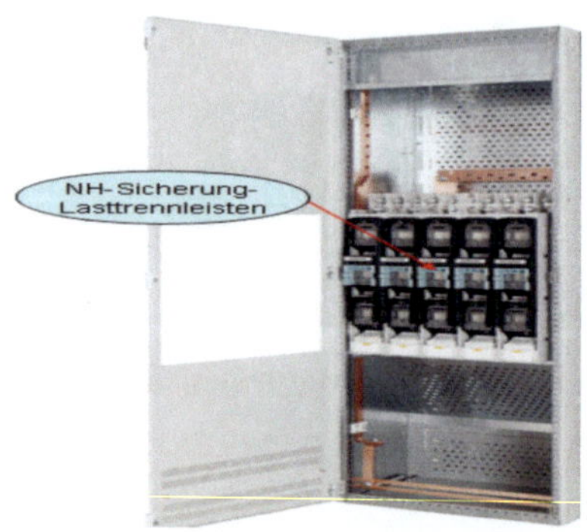

Abbildung 6.5: Festeinbau-Leistentechnik [18]

6.1.4 Motor-Control-Center (MCC) Technik

Ein Motor Control Center ist eine Zusammenstellung von einem oder mehreren geschlossenen Abschnitte mit einer gemeinsamen Stromschiene und vor allem die Motorsteuerung. MCCs sind in der modernen Praxis eine Fabrik Montage mehrerer Motorstarter und als Volleinschub einsetzbar. Die MCC-Technik gewährleistet eine große Person- und Anlagensicherheit. Üblicherweise werden Stromverteiler mit einem oder mehreren MCC-Abgängen wiederum als MCC bezeichnet.

Abbildung 6.6 zeigt ein Abgangsfeld für Motor Control Center-MCC

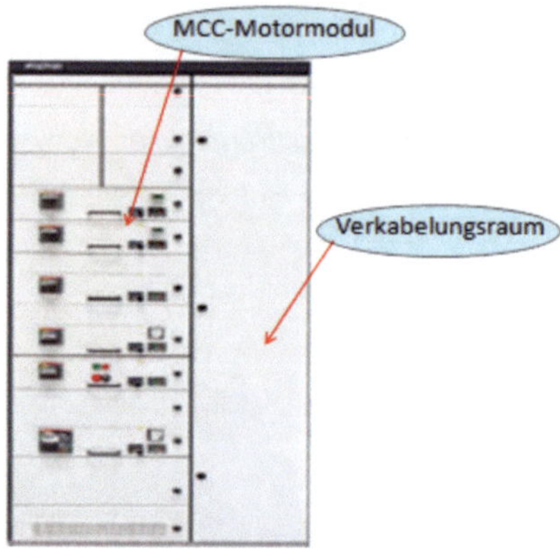

Abbildung 6.6: Abgangsfeld MCC [19]

Marktübliche Ausführungsvarianten je nach Anwendungsbereichen:

Die Firma Ritter Starkstromtechnik bietet in der Niederspannungsebene die Niederspannung-Schaltgerätekombinationen NS3001 an. Sie werden nach der Norm DIN EN 61439-2 fabrikfertig und bauartgeprüft hergestellt.

- Leistungsschalterfelder (LSF3001)

Es ist für 3-polige Leistungsschalter bis zu einem Bemessungsstrom von 4000 A.

In dem Feld wird der Leistungsschalter in der Mitte angeordnet und die Anbindung an die Sammelschiene erfolgt im hinteren Feldbereich während der Kabelanschluss unterhalb des Leistungsschalters angeordnet ist. Die Zugänge zum Leistungsschalterraum, Kabelanschlussraum und zur Steuernische befinden sich auf der Frontseite.

Abbildung 6.7: Leistungsschalterfeld LSF3001 [20]

- Kuppelfeld (KFF3001)

Ähnlich wie bei dem Leistungsschalterfeld wird auch hier der Leistungsschalter mittig im Feld angeordnet und die Anbindung erfolgt hinten dem Feldbereich.

Außer der Sammelschienenkupplung ist hier keinen großen Unterschied zu merken im Vergleich zu dem Leistungsschalterfeld.

Abbildung 6.8: Kuppelfeld KFF3001 [20]

- Lasttrennschalterfeld mit Sicherung (SAS3001)

Das Feld ist mit waagerechten Lasttrennschaltern mit Sicherung ausgerüstet. Der Vorteil hier ist, dass die Leisten unter Beachtung der Sicherheitsmaßnahmen auch ohne Abschalten der Hauptsammelschiene nach- und umgerüstet werden können. Die Sicherungslastschaltleisten werden auf die Verteilschiene aufgesteckt und die Belüftung der Sicherungsleisten erfolgt durch Lüftungsgitter unterhalb einer Sicherungsleisteneinheit. Der Schaltleistenraum und der Kabelanschlussraum werden durch eine Zwischenwand getrennt. Zum Schutz gegen Lichtbogen, werden alle einzelnen Räume (für Leisten, Kabelanschluss und Sammelschiene)

Abbildung 6.9: Lasttrennschalterfeld mit Sicherung SAS3001 [20]

gegeneinander geschottet. Durch die Schottung wird vermieden, dass ein Fehler, der beispielsweise in dem Kabelanschlussraum auftritt, in den Sammelschienenraum zugeführt wird.

- NH-Sicherungslastschaltleistenfeld (SLF3001)

Sie sind Felder mit senkrecht eingebauten Sicherungslastschaltleisten.

Im hinteren Teil wird eine 3-polige horizontale Sammelschiene eingebaut und auf die Flachkupferschienen werden die Sicherungsschaltleisten direkt festgeschraubt.

Eine Nische für Kleinabgänge kann oberhalb der Leisten aufgebaut werden.

Diese Felder sind für die Gebäudetechnik einsetzbar. Bei Diesem Feldtyp wird kein Lichtbogen geprüft.

Abbildung 6.10: NH-Sicherungslastschaltleistenfeld SLF3001 [20]

- Kompensationsfeld (KPF3001)

Das Feld lässt sich mit bis zu 4 Kompensationsmodulen mit max. je 100kvar ausbauen. Im Schaltschrank wird ein intelligenter, selbstoptimierender Blindleistungsregler installiert. Die Bedienung von außen wird durch das in die Schranktür integrierte Bedienpanel möglich. Um das Feld aufgrund von Wartungsarbeiten abschalten zu können, wird es extern oder optional durch das rückwärtige Hauptsammelschienensystem eingespeist.

Das Kompensationsfeld kann mit einem Verdrosselungsfaktor von 7%, 8% und 14% verdrosselt werden.

Der Verdrosselungsfaktor heißt p und wird bestimmt durch das Verhältnis des induktiven Blindwiderstandes der Drossel zum kapazitiven Blindwiderstand des Kondensators bei der Netzfrequenz 50 Hz. [21]

$$p = \frac{XL}{XC}$$

p = Verdrosselungsfaktor

XL = Induktiver Blindwiderstand der Drossel (bei 50 Hz)   [Ω]

XC = kapazitiver Blindwiderstand des Kondensators (bei 50 Hz)   [Ω]

Bei verdrosselten Kompensationsanlagen wird zu jeder Kondensatorstufe eine Drossel in Reihe geschaltet. Somit entsteht ein Reihenschwingkreis.

Abbildung 6.11: Kompensationsfeld KPF3001 [20]

- MCC-Feld 3001

Das MCC3001 ist mit 11 Modulreihen für maximal 44 Module. An der Rückseite der Anlage ist die senkrechte Verteilsammelschiene eingebaut. Durch eine Zwischenwand mit Halterungen für die Steuerschienen und Kabelhalter wird der

Modulraum vom Kabelraum getrennt. Der Modulraum wird durch einsetzbare Modulböden in geschlossene Fächer unterteilt [20].

Der Modulboden beinhaltet die Steuersteckverbinder und die Etagenklemmenleiste. Für Kleineinschübe wird statt des Modulbodens eine Kassette eingesetzt, die die Zeile in zwei oder vier Fächer unterteilt.

Der Kabelanschlussraum ist mit einer separaten Tür verschlossen.

Der Modulraum, der Kabelraum und der Sammelschienenraum sind untereinander so geschottet, dass bei inneren Fehlern Störlichtbögen auf den jeweiligen Raum begrenzt bleiben.

Abbildung 6.12:MCC3001 [20]

So wie Ritter bietet die Firma Hensel verschiedene Schaltanlagenvarianten in der Niederspannung an:

- Mi 1000

Es sind anschlussfertige, schutzisolierte Niederspannungsschaltanlagen in Kastenbauform für Wandaufbau, Standverteiler oder Standverteiler mit Unterkleidung gefertigt.

Die Anlage weist eine hohe Flexibilität hinsichtlich des Ausbaus auf. Sie kann in alle Richtung erweitert werden, außerdem sorgen die großzügig gestalteten

Anschlussräume für Zeitersparnis beim Anschluss der Kabel. Mit der Schutzart IP 65 ist die Anlage

besonders in Industrieumgebung mit hohem Staubanteil und hoher Luftfeuchtigkeitsgrad gut geeignet. Die Anlage weist durch sein Datenblatt keine Lichtbogenprüfung auf. Dies liegt wahrscheinlich an ihre Einsatzgebiete.

Abbildung 6.13: Mi 1000 [12]

- SAS 5000

Anschlussfertige stahlblechgekapselte Niederspannungsschaltanlage in Schrankbauform in freistehender Ausführung.

Der SAS 5000 ist eine Kombination von einem Leistungsschalterfeld mit einem Sicherungsleistenfeld und einem Feld mit kompakten Leistungsschaltern, die an einer senkrechten Verteilschiene fixiert sind. Die Felder werden mit einer Dauer von 200ms geprüft. Diese Zeit ist kürzer gegenüber der Lichtbogendauer (0,3s) bei anderen Herstellern. Mit dem ARCON-System lässt sich die Lichtbogendauer bis zu 2 ms verbessert [12].

Abbildung 6.14: SAS 5000 [12]

Das von Schneider und Leukhardt hergestellte Verteilsystem Prisma Plus ist ein typgeprüftes Schaltanlagensystem, geprüft nach DIN IEC 60439-1.

Das Prisma Plus (siehe untere Abbildung 6.15) zeigt eine einfache Bauform. Mit seiner zwei Meter Höhe ist es leicht die obere Seiten der Schaltfelder zu erreichen aufgrund Wartungsarbeiten. Die Einspeisung ist von oben oder unten per Kabel oder Schienenverteiler möglich. Der Kabelabgang erfolgt im Allgemeinen unten. Die Geräte werden über ein vertikales Sammelschienensystem eingespeist, das hinter den Geräten montiert ist. Der elektrische Klemmenanschluss erfolgt direkt zwischen den Geräten mit Sicherung und den Kupferschienen.

Abbildung 6.15: Prisma Plus [22]

Das MNS-System von ABB ist eine typgeprüfte Schaltgerätekombination aus Steckeinsatztechnik (Kompensationsfeld) und Einschubtechnik (Leistungschalterfeld und Motor Control Center).

Die Schaltanlage zeigt eine Robuste Bauform mit bis 1200mm Feldbreite. Hier wird viel Wert auf Personensicherheit gelegt durch die Form 4 der inneren Unterteilung. Außerdem können andere Anlagenteile Unterspannung bleiben, wenn es gearbeitet wird. Mit seinen zwei MCC-Felder lässt sich vermuten, dass das MNS hauptsächlich für das Schalten von Motoren konzipiert ist.

Die Feldverteilschienen sind in einer Feldfunktionswand (FFW) integriert, welche sich zwischen dem Geräteraum und dem Sammelschienenraum befindet und diese Funktionsräume störlichtbogenfest voneinander trennt.

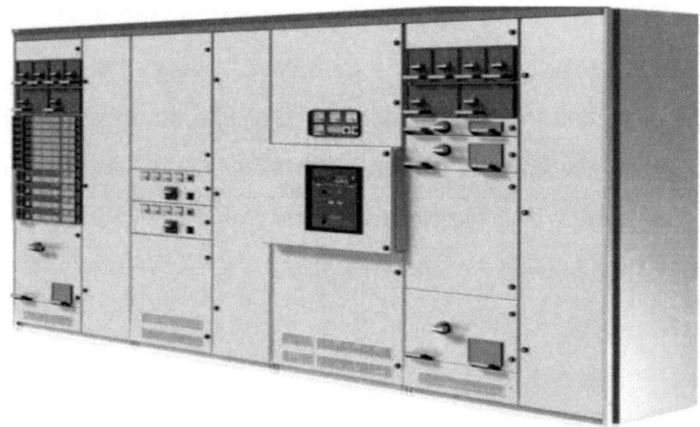

Abbildung 6.16: ABB MNS-System [23]

Das MODAN-System von Moeller bietet flexible Lösungen für alle ihre Anforderungen bis 6300 A. Die Voraussetzung für die Flexibilität sind individuell bestückbare Funktionseinheiten.

Nach Anforderungen lassen sich die einzelnen Felder beliebig kombinieren:

Leistungsschalterfeld für Einspeisungen und Abgänge, Sicherungsleiten oder Steckeinsatztechnik, Einschubtechnik (Motormodulen).

Die Motormodule können Unterspannung ausgetauscht werden, somit werden keine Stromunterbrechungen vorgenommen. Mit IP54 ist die Anlage in Gebieten mit viel Staub und Feuchtigkeit einsetzbar. Der Leistungsschalterfeld hier ist mit seinem offenen Leistungsschalter einfach von draußen zu bedienen.

Abbildung 6.17: Modan-System [3]

Das Moducon-System ist eine bauartgeprüfte Schaltgerätekombination bestehend aus einem Leistungsschalterfeld, einem Einschubfeld für Motor-Module und einem Sicherungsleistenfeld.

Durch die Schottung einzelner Räumen wird im Störfall der Störlichtbogen auf den Entstehungsraum begrenzt. Damit ist höchster Personenschutz gewährleistet.

Das Moducon verhindert durch Führung des Störlichtbogens über spezielle Druckentlastungskanäle (mit sich automatisch schließenden Druckentlastungsklappen), dass sich der Störlichtbogen auf benachbarte Funktionsräume auswirkt bzw. überspringt.

Die neben den MCC- und Lasttrennschalterfeldern erweiterten Verkabelungsschränke erleichtern die Wartungsarbeiten aufgrund der Übersichtlichkeit und mehr Arbeitsfläche.

Abbildung 6.18: Moducon [24]

Die Niederspannung-Schaltgerätekombination GNS 5.1 von Esa Grimma stellt mit ihren universellen Ausbaumöglichkeiten, der Anwendung von Festeinbau- bzw. Einsatztechnik sowie der Volleinschubtechnik, eine moderne, sichere und wertbeständige Lösung für alle Einsatzbereiche dar.

Durch den modularen Aufbau des Systems sind vielfältige Kombinationen für projektspezifische Anforderungen möglich. Die Ausführung erfolgt dabei als typgeprüfte Schaltgerätekombination TSK nach IEC 60439-1

Eine Übersicht auf die Schaltanlage zeigt eine Kombination von einem Schaltfeld mit offenem Leistungsschalter, einem Schaltfeld mit kompaktem Leistungsschalter, einem Abgangsfeld für NH-Sicherungslasttrennschalter, einem Abgangsfeld für NH-Sicherungslastschaltleisten, einem Schaltfeld für Blindleistungskompensation, einem Abgangsfeld für Motor Control Center, einem Abgangsfeld für kundenspezifischen Ausbau und ausschließlich einem Hauptsammelschienen System und Eckfeld.

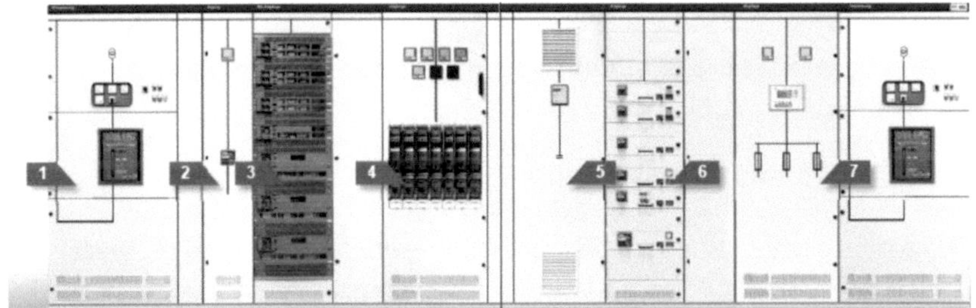

Abbildung 6.19: GNS 5.1 [25]

Siemens bietet die Niederspannungsschaltanlage Sivacon als Energieschalgerätekombination Bauartgeprüft gemäß IEC 61439-2 an.

Der Systemüberblick zeigt eine Kombination aus verschiedenen Feldern, die sich nach Anforderungen anpassen lassen.

Die Aufstellung der Schaltfelder kann in Ein- oder Doppelfront mit einem gemeinsamen Hauptsammelschiene-System (HSS-System), oder Rücken-an-Rücken mit getrennten HSS-Systemen erfolgen. Unterschiedliche Einbautechniken in einem Feld können problemlos kombiniert werden.

Sivacon zeigt durch die Schutzart IP54 eine höhe Berührungsschutz. Mit der Form 4 lassen sich im Störungsfall nur die gestörten Netzteile von der elektrischen Energieversorgung abtrennen.

Abbildung 6.20: Sivacon [18]

Die Zusammenfassung der marktüblichen Ausführungsvarianten von Niederspannungsschaltanlagen wird im Anhang A tabellarisch dargestellt.

6.2 Mittelspannungsanlagen

Als Mittelspannungsanlagen werden alle elektrischen Anlagen betrachtet, die
eine Bemessungsspannung von über 1kV bis einschließlich 52 kV besitzen.

In der Mittelspannung werden Schaltanlagen gemäß der neuen Norm IEC
62271-200

Geprüft. In dieser Norm wurden viele Änderungen gegenüber der alten Norm
(IEC 60298) vorgenommen.

Mittelspannungs-Schaltanlagen werden in luftisolierter und in gasisolierter,
metallgekapselter Technik ausgeführt.

Die Anlagen unterscheiden sich von Herstellern und Einsatzgebieten. Sie
haben allerdings gleiche Bauprinzipien sowohl für luftisolierte- als auch für
gasisolierte Schaltanlagen und erfüllen alle die grundsätzlichen Anforderungen
der IEC.

6.2.1 Innere Unterteilung der Anlagen

6.2.1.1 Sammelschienenraum

Der Sammelschienenraum ist der Raum in der Schaltanlage, wo sich das
Sammelschienensystem befindet. von den Sammelschienen gehen allgemeine
Abzweige für Einspeisungen, Abgänge oder Kupplungen ab. Der Sammelschienenraum ist zu den Nachbarräumen und zu den Nachbarfeldern geschottet.

Abbildung 6.21: Sammelschienenraum [26]

6.2.1.2 Niederspannungsnische

Die Niederspannungsnische, auch Niederspannungskammer genannt, ist der Bereich, wo alle Sekundärgeräte, wie Mess-, Schutz- und Steuereinrichtungen eingebaut werden. Die Niederspannungsnische befindet sich im oberen Teil von Schaltanlagen und ist von dem Mittelspannungsbereich getrennt. Sie enthält vollständige Klemmenleiste mit entsprechenden markierten Steuerkabeln. Alle Verbindungen werden über Stecker durchgeführt. Damit ist die Montage flexibel und ermöglicht es, den Niederspannungsraum leicht auszubauen und vor Ort einfach zu installieren. Üblicherweise findet man in Frontseite ein Display und Spannung-Messbuchsen, die dazu dienen Spannung und stromwerte von draußen zu kontrollieren bzw. zu messen.

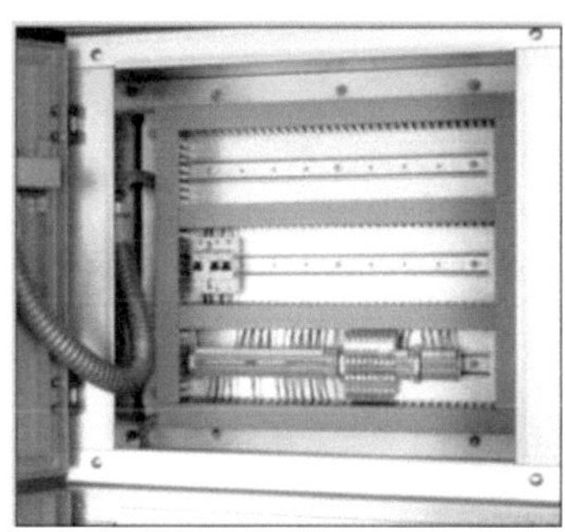

Abbildung 6.22: Niederspannungsnische [26]

6.2.1.3 Leistungsschalterraum

Der Leistungsschalterraum enthält wahlweise den Leistungsschalter entweder in Einschub- oder in Festeinbautechnik, Schütze, einem Messeinschub oder auch einem Erdungseinschub. Der Leistungsschaltereinschub hat drei Stellungen: Betrieb, Test, ausgefahren. An der Rückwand des Einschubraumes befinden sich oben die Durchführungskontakte zu der Sammelschiene und unten die Durchführungskontakte zum Kabelanschluss. Die Durchführungskontakte sind durch automatische Shutter verschlossen. Der Shutter öffnet sich automatisch beim Verfahren des Einschubes in die Betriebsstellung.

Die Betätigung der Schaltgeräte erfolgt bei geschlossener Schaltfeldtür.

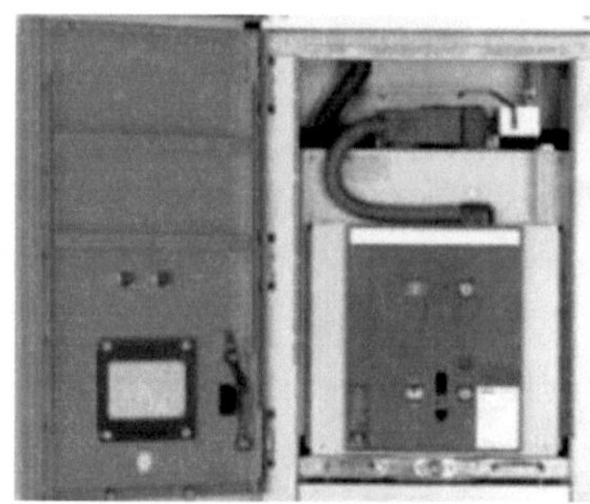

Abbildung 6.23: Leistungsschalterraum [26]

6.2.1.4   Kabelanschlussraum

Im Kabelanschlussraum werden zu und abgehende Kabel angeschlossen sowie die Montage von Stromwandler, Spannungswandler und Erdungsschalter vorgenommen.

Abbildung 6.24: Kabelanschlussraum [26]

6.2.2 Metallgekapselte luftisolierte Schaltanlagen

Metallgekapselte Luftisolierung bedeutet, dass sich das Schaltanlagesystem (Sammelschiene, Schaltgeräte, und Kabelanschlüsse) hermetisch in einem Metallgehäuse kompakt befindet (siehe Abbildung 6.25).

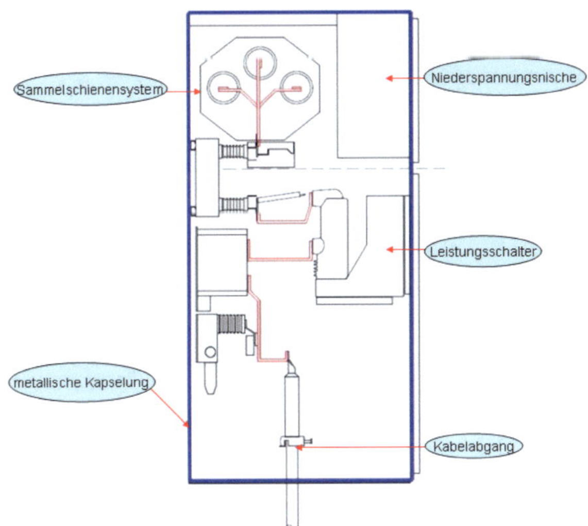

Abbildung 6.25: Metallische Kapselung [27]

6.2.2.1 Einfach-Sammelschienensystem

Die Anlage besitzt hier ein Sammelschienensystem. Je nach Herstellern
können die Sammelschienen oben, hinter oder auch unter (z.B. Kuppelschienen
bei dem Leistungsschalter-Kuppelfeld)montiert werden.

Die obere Abbildung 6.25 zeigt ein einfaches Beispiel einer Schaltanlage mit
einem Einfach-Sammelschienensystem

6.2.2.1.1 Mit Leistungsschalter in Einschubtechnik

Bei dieser Variante werden Leistungsschalter auf Einschüben montiert. Sie
können aufgrund Wartungsarbeiten und unter Beachtung Sicherheitsvorschrit-
ten einfach heraus- und wieder hineingefahren werden.

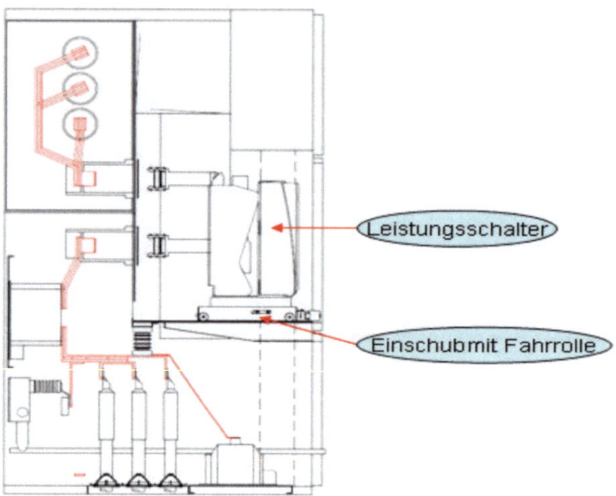

Abbildung 6.26: Leistungsschalter in Einschub [27]

6.2.2.1.2 Mit festeingebautem Leistungsschalter

Der Leistungsschalter ist in dem Leistungsschalterraum festgeschraubt.

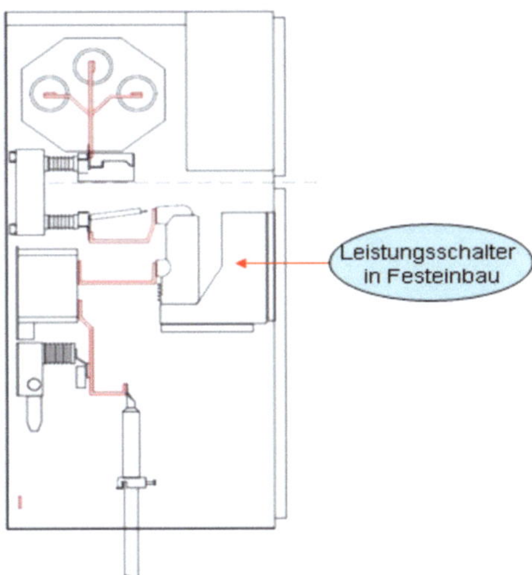

Abbildung 6.27: Leistungsschalter in Festeinbau [27]

6.2.2.2 Doppel-Sammelschienensystem

Die Anlage besitzt hier zwei Sammelschienensysteme. Je nach Herstellern können die Sammelschienen oben montiert werden wie beispielsweise bei dem Duplex-Leistungsschalterfeld von ABB, wo die beiden Sammelschienensysteme Rücken an Rücken liegen, sowie auch unten (Kuppelschienen bei dem Leistungsschalter-Kuppelfeld). Der Doppelsammelschienenbauart ermöglicht den Sammelschienen Wechsel im Fall von Schaden oder Wartungsarbeiten auf einer von den beiden Sammelschienen.

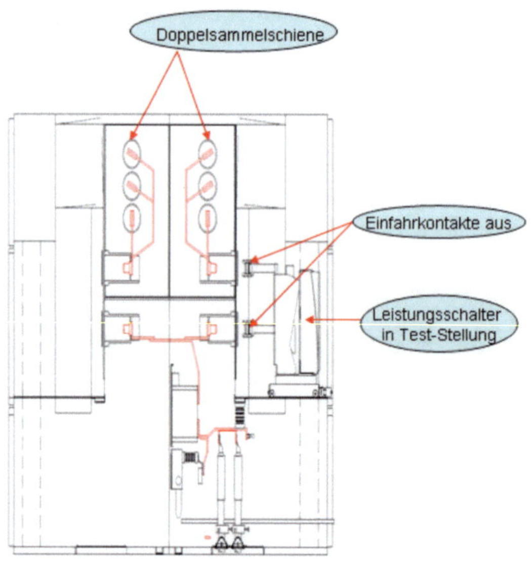

Abbildung 6.28: Doppelsammelschienensystem [27]

6.2.2.2.1 SS mit einem Leistungsschalter

Die Schaltanlage ist mit zwei Sammelschienensystemen und einen gemeinsamen Leistungsschalter ausgerüstet.

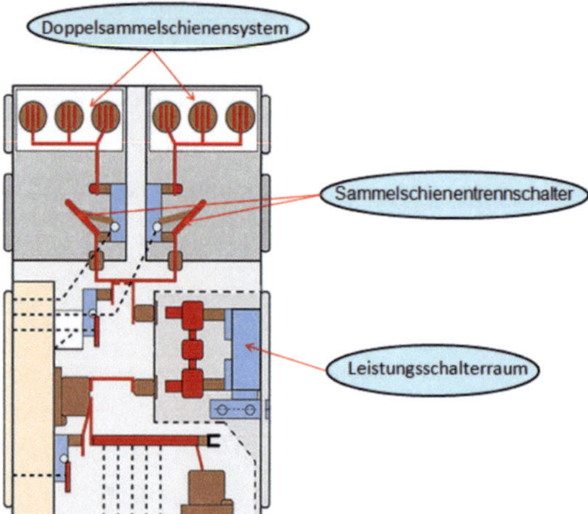

Abbildung 6.29: Doppelsammelschiene mit einem Leistungsschalter [20]

Ritter ist Hersteller von GT4D und GDE, beides 12 KV-Doppelsammelschienen-Anlage mit Leistungsschaltern in Einschub- oder Festeinbautechnik und Sammelschienentrennschaltern bzw. Lasttrennschaltern.

Sie sind geprüft nach IEC 62271-200 und werden in Netz- und Verteilerstationen, Industrie zum Schalten von Transformatoren, Motoren, Generatoren, Kondensatoren, Freileitungs- und Kabelstrecken eingesetzt.

Sie sind metallgekapselt, luftisoliert, fabrikfertig und typgeprüft.

Feldvarianten

-GT4D: Einspeise-, Mess- und Querkuppelfeld; Abgangsfeld; Längskupplungs- und Hochführungsfeld; Sammelschienenabzweig mit Lasttrennschalter motorbetrieben: Leistungsschalter auf Einschub.

-GDE: Lasttrennschalter, Leistungsschalter und Vakuumschütze in Einschubtechnik, Messfelder wahlweise in Festeinbau- oder Einschubtechnik, Sammelschienen-Trennschalter sind im Feld fest eingebaut.

Folgende sind die zwei Doppelsammelschiene-Variante von Elatec. Sie sind gemäß IEC 62271-200 geprüft worden.

-M6-DSS E: Die Schaltanlage ist in Einschubtechnik für Innenraumaufstellung. Sie wird als Netz- und Verteilstation in der Industrie sowie bei Energieversorgungs-Unternehmen eingesetzt. Das Schaltfeld besitzt eine 5-fache Schottung. Der Leistungsschalter (Vakuum- oder SF6) ist in Einschubtechnik eingebaut. Im Kabelanschlussraum sind Strom- und Spannungswandler montiert. Die Anlage kann bei geschlossenen Türen einfach bedient werden.

-M6-DSS: Diese Schaltanlage ist für die Festeinbautechnik gedacht und im Innenraum aufzustellen. Sie wird als Netz- und Verteilstation in der Industrie sowie bei Energieversorgungsunternehmen eingesetzt. Beide Sammelschienensysteme sind durch den jeweiligen Trennschalter von der Feld zu trennen. Der Leistungsschalter mit Vakuum oder mit SF6 kann hier wahlfrei eingesetzt werden. Die Schaltgeräte lassen sich per Hand oder per Motor betätigen.

6.2.2.2.2 SS mit zwei Leistungsschaltern

Diese Schaltanlage ist eine Kombination von zwei Rücken an Rücken liegenden Schaltanlagen mit jeweils einem Leistungsschalter.

Eine von den beiden Anlagen ist unterseitig mit Strom- und Spannungswandler ausgerüstet während die andere den Kabelanschluss ermöglicht.

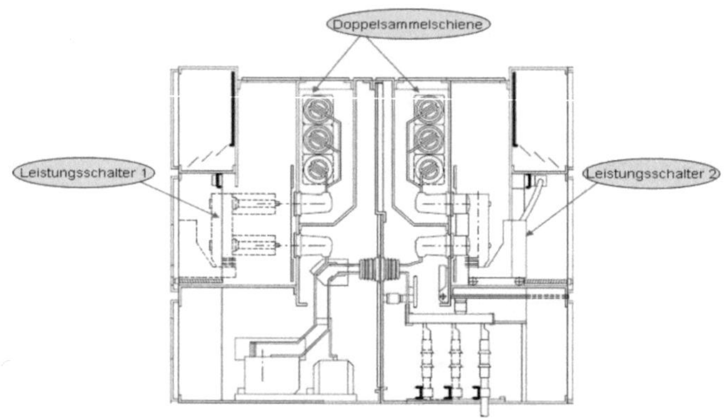

Abbildung 6.30: Doppelsammelschiene mit zwei Leistungsschaltern [27]

Die ZS8.4 von dem Hersteller ABB ist gemäß IEC 62271-200 gefertigt und geprüft. Die Schaltanlage ist eine eigenständige Produktreihe. Sie ist an der Schnittstelle zwischen sekundärer und primärer Verteilebene angesiedelt.

Die ZS8.4 kann in verschiedenen Feldvarianten (Leistungsschalterfeld, Leistungsschalter-Kuppelfeld, Lasttrennschalterfeld mit und ohne Sicherung, Lasttrennschalter-Kuppelfeld, Hochführungsfeld, Schützfeld) ausgeführt werden.

Die ZS8.4 lässt sich ebenfalls als Duplex-Leistungsschalterfeld aufstellen. Dabei liegen die beiden Schaltanlagen Rücken an Rücken.

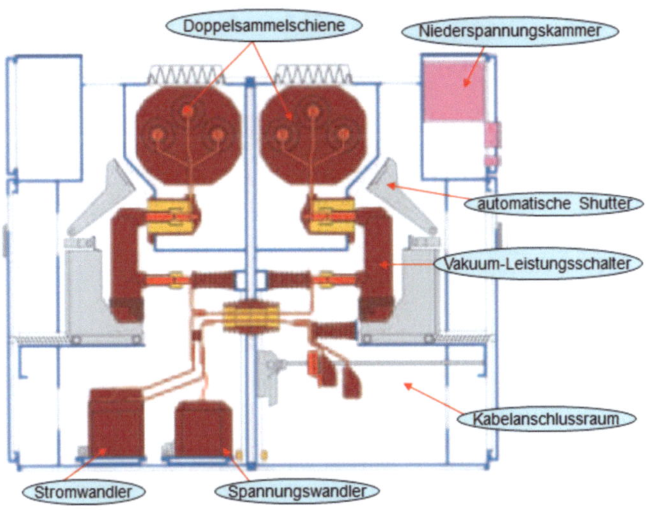

Abbildung 6.31: ZS8.4 von ABB [28]

6.2.3 Metallgeschottete Schaltfelder

In der Schaltanlage werden auf Sicherheitsgründen einzelne Räume gegeneinander geschottet somit wird vermieden, dass ein durch einen inneren Fehler
ausgelöster Lichtbogen in weitere Räume weitergeleitet wird. Die metallischen
Schottungen der Funktionsräume begrenzen den Schaden im Fehlerfall auf den
Entstehungsort.

Manche Anlagen lassen sich mit einem oder auch drei Schotträume bauen.

Es werden dann zwei Fälle unterschieden:

6.2.3.1 Mit einem Schottraum

In diesem Fall ist der Sammelschienenraum geschottet. Dabei befinden sich der
Leistungsschalter und die Kabelanschlüsse in einem gemeinsamen Raum.

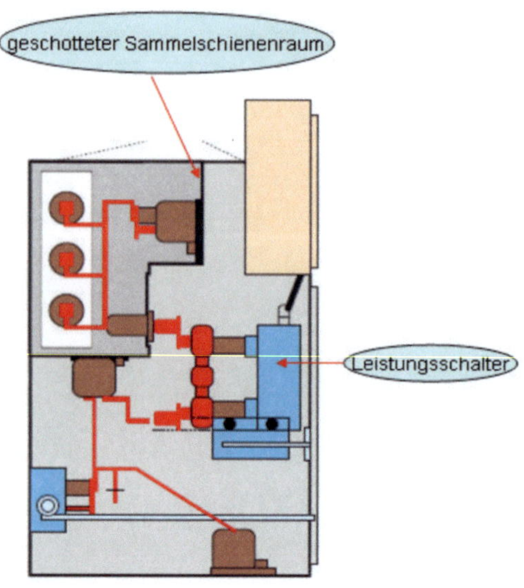

Abbildung 6.32: Sammelschienenschottung [20]

6.2.3.2 Mit drei Schotträumen

Alle drei Räume sind geschottet.

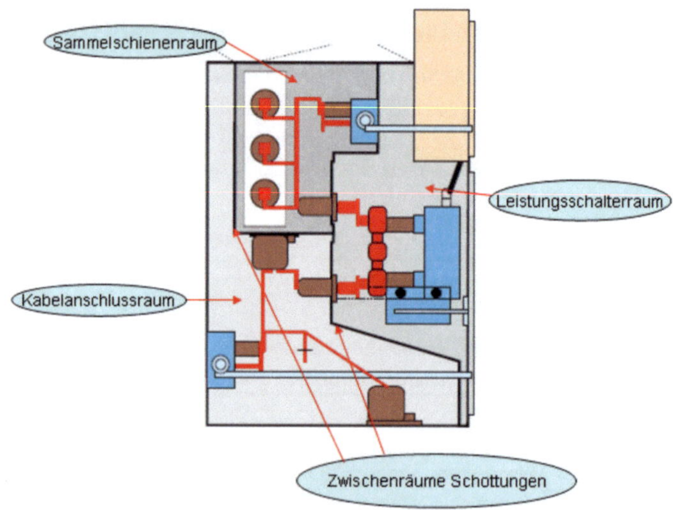

Abbildung 6.33: Anlage mit Vollschottung von drei Räumen [20]

Die Variante mit drei Schottungsräumen wird mehr vermarktet als die andere, denn sie garantiert mehr Sicherheit bei dem Betrieb. Der Lichtbogen ist durch die Metall Schottung besser begrenzt. Die Variante wird von folgenden Firmen gefertigt:

Die Schaltanlage **M6** von Elatec ist in Einschubtechnik für Innenraumaufstellung. Es wird als Netz- und Verteilstation in Industrie sowie bei Energieversorgungsunternehmen eingesetzt.

Sie ist 3-fach geschottet und mit fester Sammelschienenschottung. Der Erdungsschalter im Kabelanschlussraum ist fest eingeschaltet und die Anlage lässt sich von draußen bei geschlossenen Türen einfach bedienen.

Die **M12** in Fahrwagentechnik für Innenraumaufstellung wird als Generatoranlage sowie als Hochstromanlage in Kraftwerken eingesetzt. Der an Sammelschiene bemessene Strom liegt bei 7000 A, diese Anlage kann bis 72 KA Kurzschlussstrom schalten.

Der Erdungsschalter wird hier mit Motor angetrieben sowie bei der M6 ist eine Bedienung bei geschlossenen Fronttüren möglich.

Bei der **Fahrwagentechnik** wird der Leistungsschalter auf einem Wagen befestigt, sodass den ganzen Block problemlos in die Anlage hineingeschoben oder rausgezogen wird.

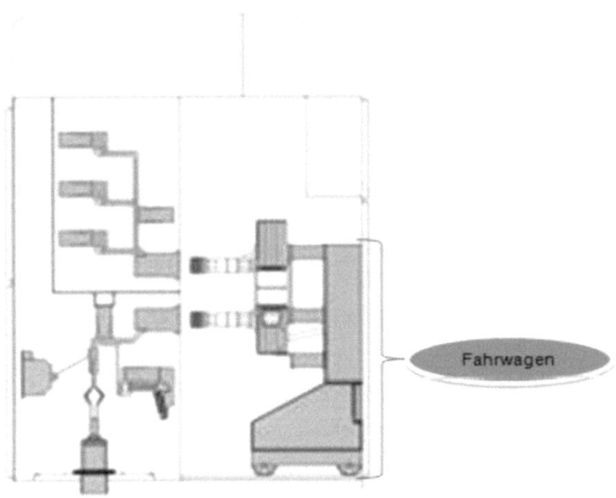

Abbildung 6.34: Fahrwagentechnik [27]

Ritter

-GT4 ist eine luftisolierte, metallgekapselte Schaltanlage gemäß IEC 62271-200 typgeprüft. Es gibt eine Schottung zwischen Sammelschienenräumen benachbarter Felder sowie dem Sammelschienen-, Einschub- und Kabelanschlussraum. Die 31,5 KA und 40 KA-Ausführung sind mit einer Plasma-Reduziervorrichtung ausgestattet.

Sie wird als kompakte Leistungsschalteranlage in Netz-, Verteiler- und Schwerpunktstationen für EVU, Industrie und Öffentliche Auftraggeber zum Schalten von Transformatoren, Motoren, Generatoren, Kondensatoren, Freileitungs- und Kabelstrecken angewendet. Der GT4 ist mit folgenden Feldvarianten auszuführen: Vakuum-Leistungsschalter, Vakuumschütze und Lasttrennschalter in Einschubtechnik: Sicherungslasttrennschalter in Festeinbautechnik; die Messfelder sind wahlweise in Einschub- oder Festeinbautechnik auszubauen

-GT4H ist eine 12 KV-Einschubschaltanlage für Wand- oder Freiaufstellung sowie Duplexaufstellung. Sein Aufbau und sein Anwendungsbereich sind wie bei der GT4 zu sehen, jedoch ist die Kurzschlußfestigkeit bis zu 50 KA möglich.

Die Bauweise der GT4H kann mit Vakuum-Leistungsschaltern in Einschubtechnik und Messfeldern wahlweise in Einschubtechnik oder Festeinbautechnik variiert werden.

-GT5 ist eine 24 KV-Einschubschaltanlage für Wand- und Freiaufstellung mit einer dreifachen Schottung. Sie kann mit Vakuum- oder gasisoliertem Leistungsschalter in Einschubtechnik ausgerüstet werden. Sie ist klein gebaut bei hoher Leistung und zeigt eine kraftlose Verriegelung und hat ein integriertes Lüftungssystem.

6.2.4 Metallgekapselte gasisolierte Schaltanlagen (GIS)

Eine gasisolierte Schaltanlage ist im Unterschied zur luftisolierten Schaltanlage eine vollständig gasdicht gekapselte Schaltanlage, die mit Isoliergas befüllt wird. Als Isoliergas wird in den meisten Konstruktionen SF6 (Schwefel hexafluorid), ein synthetisch hergestelltes elektronegatives Gas mit fast 3-fach höherer dielektrischer Festigkeit [1], verwendet. Als Isoliergas können ebenfalls Stickstoff oder Helium benutzt werden.

Der entscheidende Vorteil einer gasisolierten Schaltanlage ist der geringe Wartungsaufwand, erhöhte Betriebssicherheit, sowie eine hohe Verfügbarkeit. GIS sind kompakt gebaut mit Zwischenraum-Schottungen, damit das Gas nicht entweichen kann.

Die Anlagen können an der Wand oder frei im Raum aufgestellt werden.

6.2.4.1 Gas isolierte Schaltanlagen mit Leistungsschalter

6.2.4.1.1 GIS mit Einfach-Sammelschiene

Die Sammelschiene und der Leistungsschalter befinden sich in einem gemeinsamen Raum mit dem Isoliergas (Abbildung 5.20) gefüllt.

ABB und Ritter sind GIS-Schaltanlagenhersteller und ihre Produkte zeigen gleichen Bauweise und technischen Daten an. Sie sind entsprechen der Norm IEC 62271-200 gebaut.

ABB / Ritter

ZX0 <-> GS1

Es handelt sich um eine kompakte Anlage für den Verteilbereich in Blockbauweise. Diese Anlage wird an der Wand aufgestellt oder frei im Raum. Die Bedienung per Hand Vorort oder durch die Fernsteuerung ist hier möglich. Es gibt neben dem Vakuum-Leistungsschalter einen Dreistellungs-Lasttrennschalter mit und ohne Sicherungen. Die Betätigung des Leistungsschalters, Dreistellungs-Trennschalters und Lastrennschalters erfolgt elektrischer Weise. Der Kabelanschlussraum ist nur von vorn zugänglich.

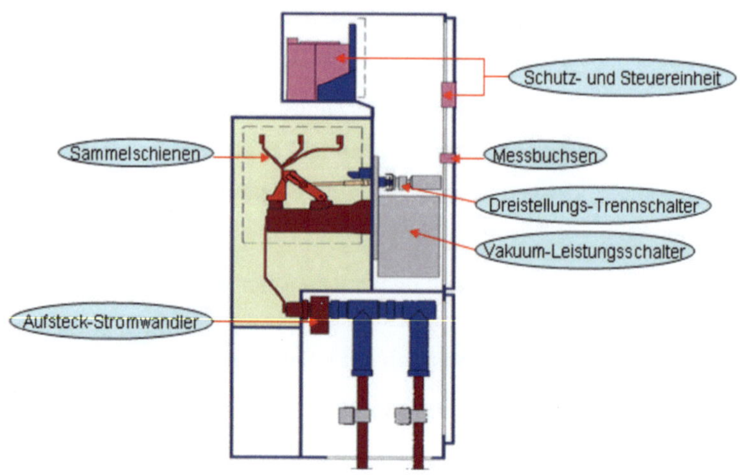

Abbildung 6.35: GS1 Von Ritter [20]

ZX0.2 <-> GS4

Es ist eine metallgekapselte Einfachsammelschienenanlage für Umspann- und Verteilanlage in Einzelfeldbauweise. Das kann direkt an die Wand oder frei in Raum gestellt werden. Das Feld besitzt grundsätzlich eine mechanische Bedienebene für lokale Betätigung, aber ebenso fernbedienbar mit optionalem Motorantrieb für die Dreistellungtrennschalter. Der Strom-und Spannungswandler befinden sich außerhalb des Gasraums.

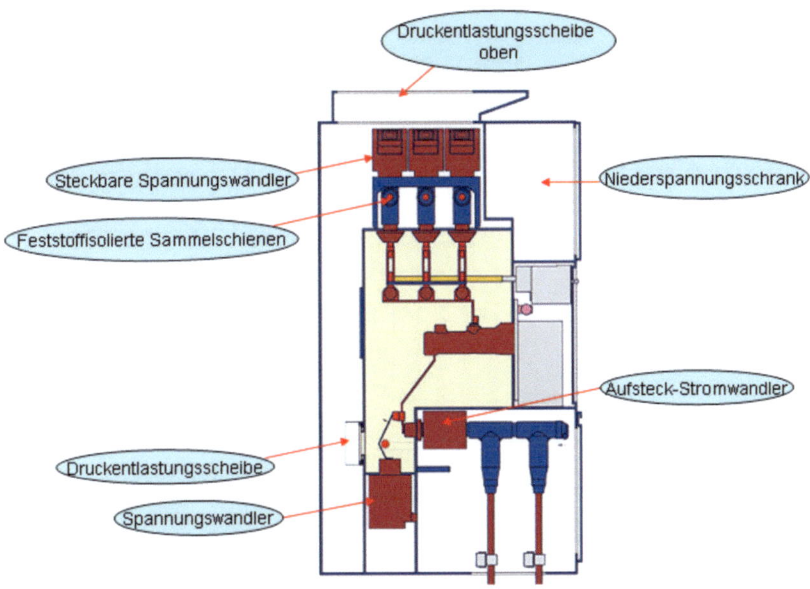

Abbildung 6.36: GS2 von Ritter [20]

ZX1.2 <-> GS2

Es sind geschottete Einfachsammelschienenanlagen für Umspann- und Verteil-anlagen mit

hochgezogenen Kabelanschlusspunkt für einfache Kabelmontage von hinten. Alle Schaltgeräte sind fernsteuerbar und optional mechanisch gegeneinander verriegelt.

Jeder Gasraum ist hermetisch abgeschlossen. der Leistungsschalter und der Stromwandler befinden sich im gleichen Raum mit allen Kabelsteckbuchsen oberhalb des Sammelschienenraums.

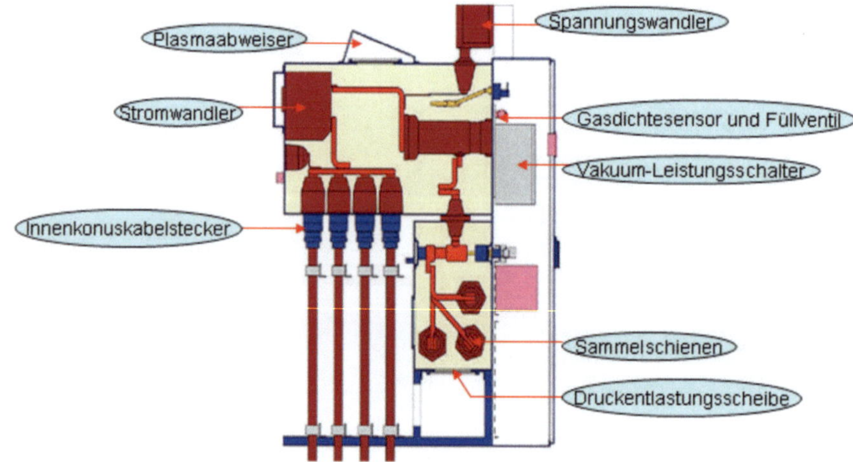

Abbildung 6.37: GS4 von Ritter [20]

6.2.4.1.2 GIS mit Doppelsammelschiene

Die zwei Sammelschienensystemen und der Leistungsschalter liegen jeweils in einem Schottungsräum, wo der Isoliergas umgibt.

ZX2 <-> GS3

Das ist eine geschottete Einfach- oder Doppelsammenschienenanlage für alle Anwendungen. Die Druckentlastung erfolgt über Druckentlastungskanäle. Der Kabelanschlussraum ist von hinten zugänglich. Alle Schaltgeräte sind fernsteuerbar und optional mechanisch gegeneinander verriegelt. Eingesetzt werden sowohl kombinierte Schutz- und Steuer- als auch reine Schutzgeräte. Die Erdung von Schaltanlagenabschnitten erfolgt über dem Vakuum-Leistungsschalter. Die Beiden Sammelschienensysteme sind in Gas gefüllten Räumen. Spannungswandler werden oberhalb der Anlagen über Steckkontakte an den Sammelschienen und unterhalb neben den Kabelabgängen aufgesteckt.

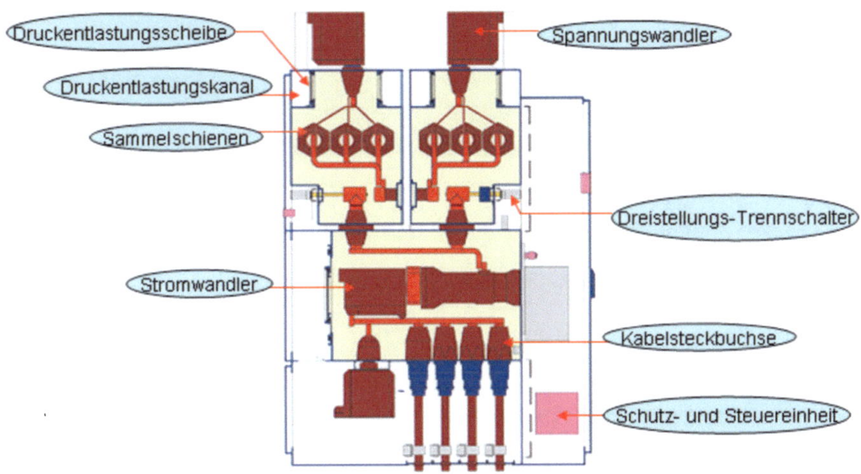

Abbildung 6.38: GS3 Doppelsammelschiene [20]

6.2.4.2 GIS Schaltanlagen mit Lasttrennschaltern und Leistungsschaltern

Bei GIS Schaltanlagen werden Lasttrennschalter für Abgänge mit Kabeln und Freileitungen und in Kombination mit HH-Sicherungen auch zum Schutz von Transformatoren verwendet.

Die Sammelschienentrennschalter in den Feldern beinhalten als Dreistellungs-schalter auch die Funktion des Erdungsschalters für den Abgang. Die Betätigung der Schaltmesser erfolgt über einen gemeinsamen Antrieb mit je einer Betätigungswelle für die eine oder die andere Funktion.

6.2.4.3 GIS Ringkabelschaltanlagen (RMU) für die sekundäre Energieverteilung

RMU (Ring Main Unit) sind Mittelspannungsschaltanlagen für die sekundäre Verteilung [16]. In der Praxis finden sich zwei Bauweise für die Aufgabenstellung einer Ringverteiler-Anlage

- nicht anreihbare Anlagenbauform in Blockbauweise mit einem gemeinsamen Gasraum innerhalb einer gemeinsamen Kapselung in einer fest vorgegebenen Zahl

- modular aufgebaute Schaltanlage in Feldbauweise, anreihbar und erweiterbar

Zum Schalten der angeschlossenen Kabel und Freileitungen werden hier auch SF6-Lasttrennschalter verwendet. Um die Transformatoren zu schützen können wahlweise ein Vakuum-Leistungsschalter oder ein Dreistellung Lasttrennschalter in Kombination mit HH-Sicherungen eingesetzt werden.

Die Ringkabelschaltanlagen weisen durch ihre Bauweise eine kompakte Bauform auf.

Die Primärkapselung ist berührungssicher und hermetisch geschlossen. Die HH-Sicherungen und Kabelendverschlüsse sind nur zugänglich, wenn die Abzweigen geerdet sind.

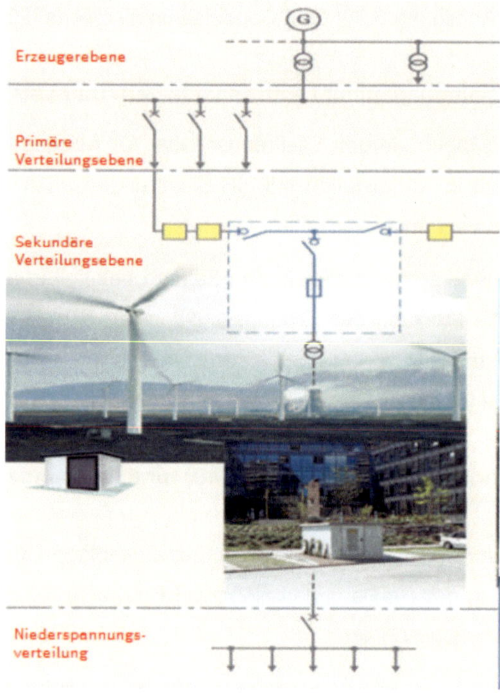

Abbildung 6.39: Übersicht sekundäre Energieverteilung [29]

Abbildungen 5.25 und 5.26 zeigen zwei typischen Bauweisen von Ringkabelschaltanlagen.

Abbildung 6.40: Anlage mit einem Gemeinsamen Gasraum [29]

Abbildung 6.41: Angereihte Schaltfelder [29]

Die Zusammenfassung der marktüblichen Ausführungsvarianten von Mittelspannungsschaltanlagen wird im Anhang B tabellarisch dargestellt.

7 Bewertung der technischen Unterschiede

Hier geht es um den technischen Vergleich Nieder- und Mittelspannungsschaltanlagen hinsichtlich ihrer Funktionalität, sowie Vor- und Nachteile der Herstel-
lervarianten.

Dabei ist mehr Wert auf die Einsatzgebiete zu legen, da die Wahl der Anlage
teilweise von dem Bereich abhängt, wo sie ihren Einsatz findet.

Die Schaltanlagen in der Niederspannung müssen optimal an die Anforderungen angepasst werden. Sowohl in der Chemie- und Prozessindustrie, als auch
in der Automobilindustrie und Kraftwerken, wo viel Energie gebraucht wird,
müssen Schaltanlagen so konzipiert und eingesetzt werden, dass die Sicherheit
von Personen und Ausrüstungen gewährleisten werden, eine hohe Verfügbarkeit für die kontinuierliche Durchführung von kritischen Prozessen gesichert ist,
eine langfristige Planung vorgesehen wird und Änderungen oder Erweiterungen
jederzeit schnell und sicher zu realisieren sind.

7.1 Niederspannung

Die Ritter-Schaltanlagen, vom Typ NS3001, zeigen durch ihre Feld Maße
(Breite bis 1000mm, Höhe bis 2400mm, Tiefe 660) eine robuste Bauweise. Die
Felder sind für Gebäudetechnik und industrielle Anwendungen oder Stark-
strombereich vorgesehen, wo Personensicherheit sehr wichtig ist. Die Nieder-
spannungsschaltgerätekombinationen von Ritter wurden für die industrielle
Anwendung hinsichtlich des Auftretens von inneren Fehlern störlichtbogengeprüft (100 KA/0,3s). Dieser Wert ist bei vielen Anlagen fast gleich und könnte
als Standardwerte genommen werden. Es gibt natürlich Ausnahmen wie bei der
Modan (100 KA/0,1s) und bei der SAS 5000 (100 KA/2ms), wo die Lichtbogendauer bei dem gleichen Kurzschlussstromswert einen wesentlich kleinen Wert
aufweist. Die Kurzschlussprüfung erfolgt über eine Sekunde für 100 KA. Während dieser Zeit soll die Schaltanlage solange halten, dass kein Bauteil geschä-
digt und kein Personal gefährdet wird. Die Felder sind nach der Form 1 der
inneren Verteilung ausgeführt. Da durch diese Ausführung keine Trennung

zwischen den Sammelschienen, Funktionseinheiten und dem Kabelanschluss-
fach vorhanden ist, besteht hier das Risiko, dass beispielsweise ein Feld durch
einen aufgetretenen Fehler komplett beschädigt wird.

Der Modul-K-Sys von Kautz, Sivacon S8 von Siemens sowie der Sivacon 8PT
von FEAG sind alle geeignet für große Industrien und Kraftwerke. Sie bieten
eine hohe Kurzschlussfestigkeit an, die besser ist als die von der NS3001
(bis150KA/1s). Durch die Innere Unterteilung Form 1 bis 4b wird der Personen-
und Anlagenschutz im Fehlerfall verbessert. Im Bezug auf MCC(Motor Control
Center) ist in Einschubtechnik die Anzahl der Einschübe unterschiedlich. Das
hängt von der Feldgröße ab. In dem MNS von ABB kann bis zu 36 Stück
installiert werden, während Okken und Modan jeweils 48 bzw. 30 Module
besitzen.

Neben den großen Anlagen gibt es auch kleine Anlagen, die Schaltfunktionen
besitzen und zur Energieverteilung innerhalb Gebäuden einzusetzen sind. Sie
sind nicht in der Lage hohe Kurzschlussströme abzuschalten und sind nicht
störlichtbogengeprüft.

Dazu gehören die Schaltanlagen von Hensel (Enystar 250, Mi 1000, SAS 600,
SAS 2000) oder auch das Kapitol 20 von Eaton (65 KA/1s) und von Siemens
das Prisma plus P(85 KA/1s), Prisma Plus G (25KA/1s). Die Funktionseinheiten
bei denen sind gut unterteilt nach Form 1 bis 4a oder 4b (siehe Anhang A).

7.2 Mittelspannung

Die Anlagen in der Mittelspannung unterscheiden sich technisch voneinander
nicht viel. Sie bestehen im Grunde genommen aus einem Sammelschienenraum, Leistungsschalterraum, Kabelanschlussraum und einem Niederspan-
nungs-Geräteraum.

Manche unterscheiden sich von den anderen durch ihre Bauweise, die Schalt-
anlagenzwischenwände (aus Metall oder Kunststoff), Sicherheitsgrad, Bestand
der Kurzschlussprüfung.

Sie werden hauptsächlich in der Industrie, in Kraftwerken, in Umspannwerken, in Stromversorgungsunternehmen sowie Stadtwerke eingesetzt. Die Schaltanlagen weisen durch ihren Leistungsschalter und Vakuum-Schütz einen wartungsfreien Betrieb, eine hohe Verfügbarkeit, hohe Schaltspielzahlen auf. Der Vakuum-Schütz kann bis 1.000.000 Schaltspiele realisieren. Die innere Seite der Anlagen zeigen durch metallische Schottungen Funktionsraumtrennungen, somit wird vermieden, dass einen Störlichtbogen von seinem Entstehungsort zu einem anderen Raum zugeführt wird und die Komplette Anlage außer Betrieb gestellt wird. Die metallische Schottung soll den Fehler so gut wie möglich eingrenzen, sodass nur der fehlerbetroffene Teil freigeschaltet wird und die anderen Räume unter Spannung bleiben können. Bei der Schaltanlagen für höhe Energiebereiche ist die Lichtbogenprüfung erforderlich, um nachprüfen zu können, ob die Anlage dem inneren Fehler standhalten kann und damit letztendlich die Betriebssicherheit von Personal gewährleisten kann.

Um Fehlschaltungen zu vermeiden besitzen die Anlagen ein umfangreiches Verriegelungssystem wie z.B. bei den Schaltanlagen AMS von SENTEG und Medipower von Köhl. Die Schaltfelder sind störlichtbogengeprüft und alle Schalthandlungen werden bei geschlossenen Schaltfeldtüren durchgeführt.

Die Natus-Schaltanlage NES-H18 ist für Hochstromanforderungen konzipiert. Sie ist in der Fahrwagenversion ausgeführt. Die Kurzschlussprüfung dauert drei Sekunden für Kurzschlussströme größer als 31,5 KA. Die Ritter-Schaltanlagen GT4H, GDE und GT5 können noch höhere Ströme abschalten bis 50 KA. Sie besitzen additive Schottung für jeden Funktionsraum mit sicherer Druckentlastung für jeden Funktionsraum. Die Schalthandlungen erfolgen ebenfalls bei geschlossenen Türen. Sie zeigen durch ihre robusten Bauformen einen sicheren Einsatz in der Industriebranche, die Bedienung wird durch mechanische und elektromagnetische Verriegelung.

Bei gasisolierten Schaltanlagen sind in meisten Fällen der Sammelschienenraum und der Leistungsschalterraum mit Gas ausgefüllt.

Die GS3 von Ritter und der ZX2 von ABB Sehen ganz ähnlich aus. Sie sind geschottete Schaltanlagen und können mit einer oder zwei Sammelschienen ausgeführt werden. Sie sind für alle Anwendung gedacht. Ein Austausch von Komponenten in den Gasräumen und somit eine schnelle Wiederinbetriebnahme nach Reparatur ist möglich.

Bei GIS erfolgt die Erdung von Schaltabschnitten über einen hochwertigen Vakuum-Leistungsschalter. Der Leistungsschalter kann erheblich häufiger und zuverlässiger auf einen Kurzschluss zuschalten als ein einschaltfester Erdungsschalter.

Die gasisolierte Schaltanlagen oder luftisolierte Schaltanlagen für die doppelsammelschiene Ausführung werden mit Sammelschienentrennschalter ausgerüstet. Der ZX2 besitzt einen Dreistellung-Trennschalter. Dies dient zur Verbindung oder Freischaltung von den Sammelschienen, der Abgängen und der Erdung.

Doppelsammelschienen-Schaltanlagen mit Trennschalter ermöglichen den Sammelschienenwechsel aufgrund beispielsweise Wartungsarbeiten oder eines Fehlers auf dem einen Sammelschienensystem.

8 Zusammenfassung

Im Rahmen dieser Bachelorarbeit wurde alle marktübliche Ausführungsvariante von Schaltanlagen dargestellt. Außerdem ging es um die Durchführung einer Analyse neuer normativer Anforderungen für den Nieder- und Mittelspannungsschaltanlagenbau. Es wurde dabei:

- Eine Zusammenfassung von Normen für den Nieder- und Mittelspannungsschaltanlage sowie für die dazugehörigen eingebauten Schaltgeräte und zur Schaltanlageprüfungen gemacht.
- Ein Vergleich zwischen alten und Neuen an Schaltanlagen angeforderte Normen durchgeführt sowie Darstellung von Maßnahmen zur Erreichung der Normkonformität.
- Zum Teil Innerer Schutz, den Begriff Störlichtbogen vordefiniert und Konzepte zum Lichtbogenschutz erklärt und verdeutlicht als Beispiel von dem Arcon und dem Arc-K-System in der Niederspannung und von den Vakuums-und SF6-leistungsschaltern in der Mittelspannung.
- Die verschiedenen Schaltanlagenvariante dargestellt sowie der Bewertung, die voneinander technischen Unterschieden hinsichtlich ihren Anwendungsgebieten.
- Die technischen Maßnahmen bei dem Betrieb vorgestellt.

Auf Grund fehlender Literatur zur Durchführung der Arbeit wurden hauptsächlich Internetseiten von Schaltanlagenherstellern verwendet und Kontakt mit ihnen aufgenommen. Die Zusammenfassung der zugrunde liegenden Normen geschah mit Hilfe der VDE-Vorschriften.

Die Schaltanlagen müssen von dem Bau bis zur Inbetriebnahme und Bedienung verschiedene Bedingungen erfüllen. Die Schaltgeräte müssen gut dimensioniert ausgewählt werden, so dass sie beim Fehler gut reagieren und maximalen Personenschutz gewährleisten. Die Schaltanlagen müssen unter anderen die Störlichtbogen- und Kurzschlussprüfung bestanden haben. Die Anlagen mit längeren Prüfzeiten weisen eine höhere Personensicherheit auf.

Der Lichtbogen ist trotz der Prüfung unvermeidbar und muss nur rechtzeitig erkannt und gelöscht werden.

Die Untersuchung aller Schaltanlagentypen ergab, dass die meisten die gleiche Grundausführung haben, besonders in der Mittelspannung. Im Detail gibt es jedoch Unterschiede von Hersteller zu Hersteller.

9 Literaturverzeichnis und Quellen

[1]. **wikipedia.** [Online] [Zitat vom: 3. 10 2013.]
http://de.wikipedia.org/wiki/Schaltanlage.

[2]. **Siemens.** [Online] [Zitat vom: 3. oktober 2013.] www.siemens.de/sivacon.

[3]. **moeller.** www.moeller.net. [Online] [Zitat vom: 13. 11 2013.]
http://www.wagner-
mueller.de/fileadmin/pdfs/mondan_technische_Informationen.pdf.

[4]. **Zentgraf, Lothar.** *Niederspannungs-Schaltgerätekombinationen.* 2.Auflage.
Berlin : VDE-VERLAG, 1997.

[5]. **Niemand, Thomas, Sieper, Peter und Dürschner, Rolf.** *Errichten von
Starkstromanlagen.* 8. Auflage. Berlin : VDE VERLAG, 2000.

[6]. **Deutsches Institut für Normung e.V.** *www.din.de.* [Online] [Zitat vom: 27.
12 2013.] http://www.din.de/cmd?level=tpl-rubrik&cmsrubid=47513.

[7]. **Striebel & John.** [Online] [Zitat vom: 10. 01 2014.]
http://www.striebelundjohn.com/downloads-katalogbestellung/kataloge.

[8]. *Niederspannungs-SchaltgeräteKombinationen-Teil1: Allgemeine
Festlegungen IEC 61439-1: 2009.* 2010.

[9]. *Niederspannung-Schaltgerätekombination-Teil 1. typgeprüfte und partiel
typgeprüfte Kombination (IEC 60439-1: 1999+ A1: 2004).* 2005.

[10]. *Hochspannungs-Schaltgeräte und Schaltanlagen - Teil 200:
Metallgekapselte Wechselstrom-Schaltanlagen für Bemessungsspannungen
über 1 kV bis einschließlich 52 kV (IEC 62271-200:2003).* **VDE.** Berlin : VDE
Verlag GmbH, 2003.

[11]. *Metallgekapselte WechselStrom-Schaltanlagen für Nennspannungen über
1 kV bis einschließlich 52 kV (IEC 60298:1990).* 1990.

[12]. **Hensel.** *www.hensel-electric.de.* [Online] [Zitat vom: 15. 11 2013.]
http://www.hensel-electric.de/de/produkte/index.php?IdTreeGroup=2158.

[13]. **Kautz.** *www.kautz-trier.com.* [Online] [Zitat vom: 21. 11 2013.] http://www.kautz-trier.com/de/c_produkte.php.

[14]. **Siemens.** [Online] [Zitat vom: 25. januar 2014.] http://w3.siemens.com/powerdistribution/global/SiteCollectionDocuments/en/mv /indoor-devices/vacuum-circuit-breaker/vakuum-schalttechnik-und-komponenten-guide_de.pdf.

[15]. **Siemens AG.** [Online] [Zitat vom: 26. januar 2014.] http://www.energy.siemens.com/hq/pool/hq/power-transmission/high-voltage-products/circuit-breaker/Portfolio_de.pdf.

[16]. **Kämper, Stefan ; Kopatsch, Gerald.** *ABB Schaltanlagen-Handbuch.* 12.Auflage. Berlin : cornelsen Verlag, 2011.

[17]. **ABB.** [Online] [Zitat vom: 14. 11 2013.] http://www02.abb.com/global/deabb/deabb207.nsf/0/cd3aead1a6c440aec12573 78004c3eac/$file/Neue+Normung+f%C3%BCr+Mittelspannungs-Schaltanlagen.pdf.

[18]. **Siemens AG.** *www.siemens.com.* [Online] 2013. [Zitat vom: 11. 11 2013.] http://w3.siemens.com/powerdistribution/global/de/lv/produktportfolio/sivacon/sc haltanlagen/sivacon-s8/seiten/default.aspx.

[19]. **ABB.** *www.abb.com.* [Online] 2007. [Zitat vom: 13. 11 2013.] http://www05.abb.com/global/scot/scot235.nsf/veritydisplay/f79a998f487ab325c 1257399005b4d34/$file/iec-62271-200_w_deabb-ptpm_2365_07_d.pdf.

[20]. **Ritter-Starkstromtechnik.** *www.ritter-starkstromtechnik.de.* [Online] [Zitat vom: 5. 10 2013.] http://www.ritter-starkstromtechnik.de/site/Schaltanlagen.html.

[21]. **LEW Verteilnetz GmbH.** *Blindstrom Kompensation Verdrosselung.* [Online] [Zitat vom: 11. 10 2013.] http://www.lew-verteilnetz.de/CVP/DOWNLOADS/NETZANSCHLUSS/BROSCHUERE_BLIND STROM_KOMPENSATION_VERDROSSELUNG.PDF.

[22]. **Schneider electric.** Schneider electric. *www.schneider-electric.com.* [Online] [Zitat vom: 7. 12 2013.] http://www.schneider-

electric.com/products/de/de/4000-verteiler-und-schaltanlagen/4010-niederspannungs-schaltanlagen/.

[23]. **ABB.** ABB. *www.abb.de.* [Online] 2013. [Zitat vom: 5. oktober 2013.] http://www.abb.de/schaltanlagen.

[24]. **Köhl.** *koehl.eu.* [Online] 2013. [Zitat vom: 13. 11 2013.] http://koehl.eu/.

[25]. **esa-grimma.** *www.esa-grimma.de .* [Online] 2013. [Zitat vom: 22. 10 2013.] http://www.esa-grimma.de.

[26]. **Senteg Schaltanlagen für Energietechnik GmbH.** *www.senteg.de.* [Online] 2006. [Zitat vom: 13. 12 2013.] http://www.senteg.de/download/AMS_D.pdf.

[27]. **Elatec power distribution.** *www.elatec.net.* [Online] [Zitat vom: 17. 12 2013.] http://www.elatec.net/produkteleistungen/msschaltanlagen/.

[28]. **ABB.** [Online] [Zitat vom: 21. 12 2013.] http://www05.abb.com/global/scot/scot235.nsf/veritydisplay/9e1e2248d01130fc c1257b80004647a6/$file/Brochure%20ZS8.4_RevA_2013_05_en.pdf.

[29]. **Siemens.** Sekundäre Verteilung. [Online] [Zitat vom: 17. 12 2013.] http://w3.siemens.com/powerdistribution/global/SiteCollectionDocuments/en/mv /switchgear/gas-insulated/8dh/allgemeiner-teil-8dj-und-8DH_de.pdf.

[30]. **Schneider electric.** *www.schneider-electric.com.* [Online] [Zitat vom: 7. 12 2013.] http://www.schneider-electric.de/germany/de/produkte-services/mittelspannungsverteilung/mittelspannungsverteilung-intermediate.page?f=NNM1%3AMittelspannungs-+Schaltanlage.

[31]. **Rittal GmbH & Co.KG.** *www.rittal.com.* [Online] [Zitat vom: 29. 12 2013.] http://www.rittal.com/de_de/rinews/03_2012/dl/cebit_2012_iec61439.pdf.

[32]. **ormarzabal.** *www.ormazabal.com.* [Online] [Zitat vom: 28. 11 2013.] http://www.ormazabal.com/de/support/downloads/dokumentation/res/wind.

[33]. **Natus.** *www.natus.de.* [Online] 2013. [Zitat vom: 27. 10 2013.] http://www.natus.de/index.php/de/startseite/switchgears.

[34]. **Leukhardt Schaltanlagen Systemtechnik.** *www.leukhardt-system.de.* [Online] [Zitat vom: 15. 10 2013.] http://www.leukhardt-system.de/Niederspannungsanlagen.84.0.html.

[35]. **FEAG.** *www.feag.de.* [Online] [Zitat vom: 17. 11 2013.] http://www.feag.de/Niederspannung.29.0.html.

[36]. **Eaton.** *www.eaton.com.* [Online] 2009. [Zitat vom: 11. 10 2013.] http://www.aqualectra.nl/bestanden/pdf/MODAN-Technisches_Buch-Modulare_Schaltanlagensysteme_MODAN_planen.pdf.

[37]. **Siemens AG.** Siemens AG. *www.siemens.com.* [Online] [Zitat vom: 3. 10 2013.] http://w3.siemens.com/powerdistribution/global/DE/consultant-support/download-center/tabcardseiten/Documents/Planungshandbuecher/Niederspannungs-Schaltanlagen_SIVACON_S8.pdf.

[38]. **FEAG.** FEAG GmbH. *www.feag.com.* [Online] [Zitat vom: 6. 10 2013.] http://www.feag.com/fileadmin/Produkte/Niederspannung/SPC/Downloadbereich/FEAG_SPC_d.pdf.

[39]. **Eaton.** Eaton. *www.eaton.com.* [Online] [Zitat vom: 20. 11 2013.] http://www.eaton.com/EatonCom/ProductsServices/Holec/Products/LowVoltageFactoryAssembledSwitchboards/index.htm.

[40]. *Niederspannungs-Schaltgerätekombinationen-Teil1: Allgemeine Festlegungen.* 2010.